Fasludeen N. S.

Investigação hidro-geofísica de águas subterrâneas

Fasludeen N. S.

Investigação hidro-geofísica de águas subterrâneas

ScienciaScripts

Imprint

Cover image: www.ingimage.com

This book is a translation from the original published under ISBN 978-620-2-02332-0.

Publisher:
Sciencia Scripts
is a trademark of
Dodo Books Indian Ocean Ltd. and OmniScriptum S.R.L publishing group

120 High Road, East Finchley, London, N2 9ED, United Kingdom
Str. Armeneasca 28/1, office 1, Chisinau MD-2012, Republic of Moldova, Europe
Printed at: see last page
ISBN: 978-620-8-06167-8

ÍNDICE DE CONTEÚDOS

I. INTRODUÇÃO

A água é um líquido à temperatura e pressão ambiente normais, mas na Terra coexiste frequentemente no estado sólido, o gelo, e no estado gasoso, o vapor (vapor de água). A água cobre 71% da superfície da Terra e é vital para todas as formas de vida conhecidas. Na Terra, 97% da água do planeta encontra-se nos mares e oceanos, 1,7% nas águas subterrâneas, 1,7% nos glaciares e nas calotas polares da Antárctida e da Gronelândia, uma pequena fração noutras grandes massas de água e 0,001% no ar sob a forma de vapor, nuvens (formadas por partículas de água sólida e líquida suspensas no ar) e precipitação. Apenas 3 por cento da água da Terra é água doce e 98,8 por cento dessa água está no gelo e nas águas subterrâneas. Menos de 0,3% de toda a água doce está em rios, lagos e na atmosfera, e uma quantidade ainda menor de água doce da Terra (0,003%) está contida em corpos biológicos e produtos manufacturados.

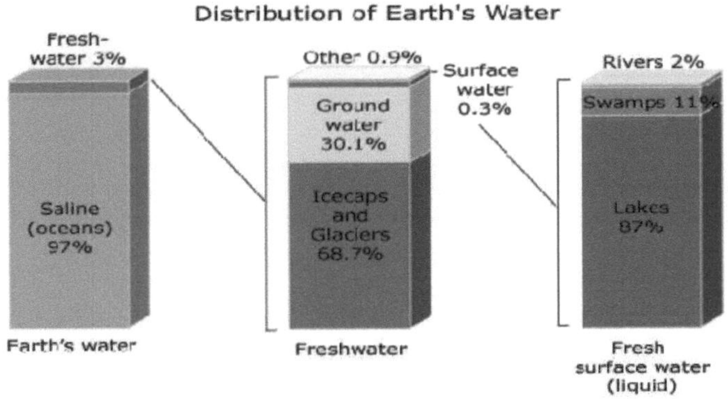

Fig.1.1 Distribuição da água na Terra.

O ciclo da água, conhecido cientificamente como ciclo hidrológico, refere-se à troca contínua de água na hidrosfera, entre a atmosfera, a água do solo, as águas superficiais, as águas subterrâneas e as plantas. A água move-se perpetuamente através de cada uma destas regiões no ciclo da água que consiste nos seguintes processos de transferência:

1. Evaporação dos oceanos e de outras massas de água para a atmosfera.

2. Transpiração de plantas terrestres e animais para o ar.
3. Precipitação, proveniente do vapor de água que se condensa no ar.
4. O escoamento da terra que normalmente chega ao mar.

A maior parte do vapor de água sobre os oceanos regressa aos oceanos, mas os ventos transportam o vapor de água sobre a terra ao mesmo ritmo que o escoamento para o mar, cerca de 47 Tt por ano. Sobre a terra, a evaporação e a transpiração contribuem com mais 72 Tt por ano. A precipitação, com uma taxa de 119 Tt por ano sobre a terra, tem várias formas: mais frequentemente chuva, neve e granizo, com alguma contribuição do nevoeiro e do orvalho. O orvalho são pequenas gotas de água que se condensam quando uma elevada densidade de vapor de água encontra uma superfície fria. O orvalho forma-se geralmente de manhã, quando a temperatura é mais baixa, imediatamente antes do nascer do sol e quando a temperatura da superfície terrestre começa a aumentar. A água condensada no ar pode também refratar a luz solar, produzindo arco-íris.

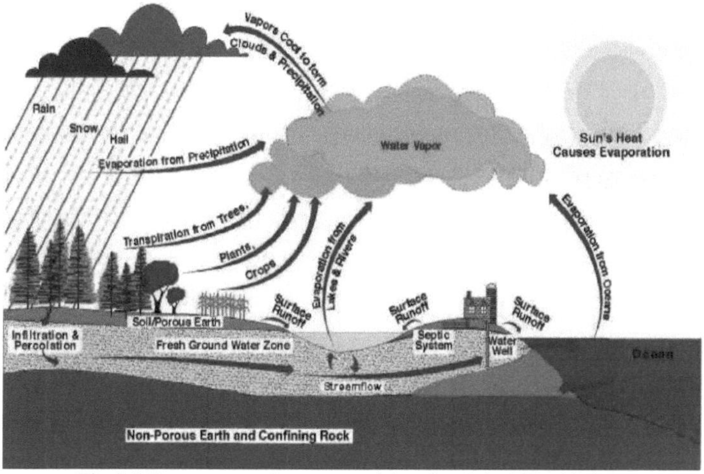

Fig.1.2 Representação esquemática do ciclo hidrológico.

O escoamento da água acumula-se frequentemente nas bacias hidrográficas que desaguam nos rios. Um modelo matemático utilizado para simular o caudal de um rio ou ribeiro e calcular os parâmetros de qualidade da água é o modelo de transporte hidrológico. Parte da água é desviada para irrigação agrícola.

Os rios e os mares oferecem oportunidades de deslocação e de comércio. Através da erosão, o escoamento superficial molda o ambiente, criando vales e deltas fluviais que fornecem solo rico e terreno plano para o estabelecimento de centros populacionais. Uma inundação ocorre quando uma área de terra, geralmente de baixa altitude, é coberta por água. É quando um rio transborda as suas margens ou quando o mar transborda. Uma seca é um período prolongado de meses ou anos em que uma região regista uma deficiência no seu abastecimento de água. Ocorre quando uma região recebe consistentemente precipitação abaixo da média.

A água subterrânea é a água localizada abaixo da superfície da terra nos espaços porosos do solo e nas fracturas das formações rochosas. Uma unidade de rocha ou um depósito não consolidado é designado por aquífero quando pode produzir uma quantidade utilizável de água. A profundidade a que os espaços porosos do solo ou as fracturas e vazios da rocha ficam completamente saturados de água é designada por lençol freático. A água subterrânea é recarregada e eventualmente flui para a superfície de forma natural; a descarga natural ocorre frequentemente em nascentes e escoadouros, e pode formar oásis ou zonas húmidas. A água subterrânea também é frequentemente retirada para uso agrícola, municipal e industrial através da construção e operação de poços de extração. O estudo da distribuição e movimento das águas subterrâneas é a hidrogeologia, também designada por hidrologia das águas subterrâneas. As águas subterrâneas constituem cerca de vinte por cento do abastecimento mundial de água doce, o que representa cerca de 0,61% de toda a água do mundo, incluindo os oceanos e o gelo permanente. O armazenamento global de água subterrânea é aproximadamente igual à quantidade total de água doce armazenada na neve e nos blocos de gelo, incluindo os pólos norte e sul. Este facto faz com que seja um recurso importante que pode atuar como um armazenamento natural que pode amortecer a escassez de água superficial, como acontece em tempos de seca.

A água subterrânea é naturalmente recarregada pelas águas superficiais provenientes da precipitação, dos cursos de água e dos rios, quando esta recarga atinge o lençol freático. As águas subterrâneas podem ser um "reservatório" a longo prazo do ciclo natural da água, ao contrário dos reservatórios de água a curto prazo, como a atmosfera e a água doce de superfície, que têm tempos de residência de minutos a anos.

Investigações recentes demonstraram que a evaporação da água subterrânea pode desempenhar um papel significativo no ciclo local da água, especialmente em regiões áridas. Normalmente, a água subterrânea é considerada como água líquida que flui através de aquíferos pouco profundos, mas, no sentido técnico, também pode incluir a humidade do solo, permafrost (solo congelado), água imóvel em rochas de permeabilidade muito baixa e água geotérmica profunda ou de formação de petróleo. Supõe-se que as águas subterrâneas proporcionam lubrificação que pode influenciar o movimento das falhas. É provável que grande parte da subsuperfície terrestre contenha alguma água, que pode estar misturada com outros fluidos em alguns casos. A água subterrânea pode não estar confinada apenas à terra. A formação de algumas das formas de relevo observadas em Marte pode ter sido influenciada por água subterrânea. Existem também provas de que a água líquida pode existir na subsuperfície da lua Europa de Júpiter.

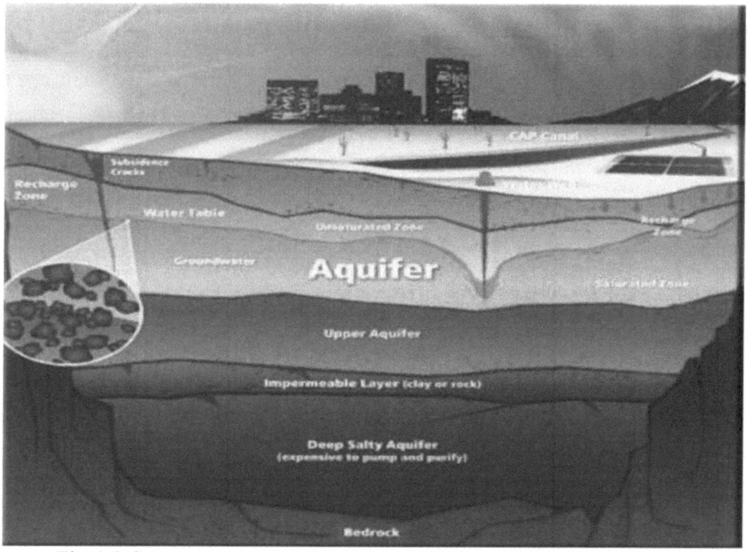

Fig.1.3 Secções transversais esquemáticas dos tipos de aquíferos.

Um aquífero é uma camada de substrato poroso que contém e transmite a água subterrânea. Quando a água pode fluir diretamente entre a superfície e a zona saturada de um aquífero, o aquífero é não confinado. As partes mais profundas dos aquíferos não confinados são geralmente mais saturadas, uma vez que a gravidade faz com que a água flua para baixo.

O nível superior desta camada saturada de um aquífero não confinado é designado por nível freático ou superfície freática. Abaixo do nível freático, onde em geral todos os espaços porosos estão saturados de água, encontra-se a zona freática.

O substrato com baixa porosidade que permite uma transmissão limitada da água subterrânea é conhecido como aquitard. Um aquiclude é um substrato com uma porosidade tão baixa que é virtualmente impermeável à água subterrânea.

Um aquífero confinado é um aquífero que é sobreposto por uma camada relativamente impermeável de rocha ou substrato, tal como um aquiclude ou aquitard. Se um aquífero confinado seguir um declive descendente a partir da sua zona de recarga, a água subterrânea pode tornar-se pressurizada à medida que flui. Isto pode criar poços artesianos que fluem livremente sem a necessidade de uma bomba e que se elevam a uma cota superior à do nível freático estático no aquífero não confinado acima.

As caraterísticas dos aquíferos variam consoante a geologia e a estrutura do substrato e a topografia em que ocorrem. Em geral, os aquíferos mais produtivos ocorrem em formações geológicas sedimentares. Em comparação, as rochas cristalinas fracturadas e intemperizadas produzem quantidades menores de água subterrânea em muitos ambientes. Os materiais aluviais não consolidados a pouco cimentados que se acumularam como sedimentos de enchimento de vales em grandes vales fluviais e bacias estruturais geologicamente em subsidência estão incluídos entre as fontes mais produtivas de água subterrânea.

A elevada capacidade térmica específica da água e o efeito isolante do solo e da rocha podem atenuar os efeitos do clima e manter a água subterrânea a uma temperatura relativamente estável. Em alguns locais onde a temperatura da água subterrânea é mantida por este efeito a cerca de 10°C (50°F), a água subterrânea pode ser utilizada para controlar a temperatura no interior de estruturas à superfície. Por exemplo, durante o tempo quente, a água subterrânea relativamente fria pode ser bombeada através dos radiadores de uma casa e depois devolvida ao solo noutro poço. Durante as estações frias, porque é relativamente quente, a água pode ser utilizada da mesma forma como fonte de calor para bombas de calor, o que é muito mais eficiente do que utilizar ar.

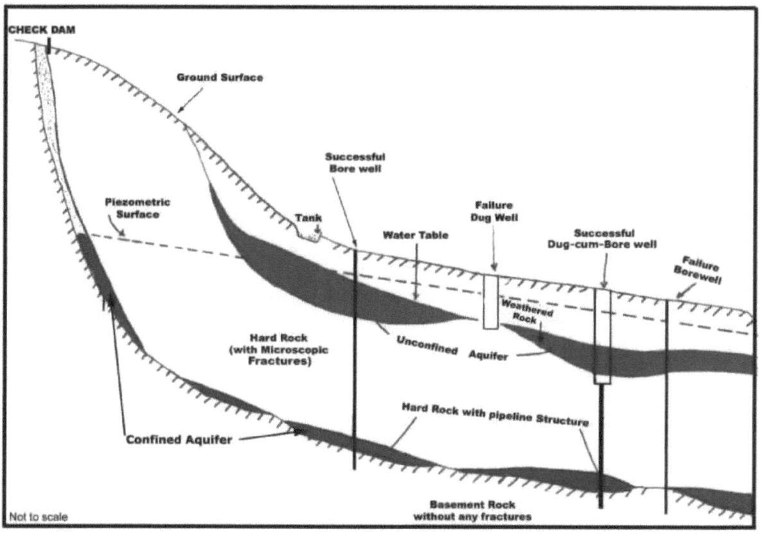

Fig.1.4 Distribuição das águas subterrâneas.

Embora as águas subterrâneas não possam ser vistas à superfície da terra, uma variedade de técnicas pode fornecer informações sobre a sua ocorrência e, em determinadas condições, até sobre a sua qualidade. As investigações à superfície ajudam-nos a encontrar informações sobre o tipo, a porosidade, o teor de água e a compacidade da formação subterrânea. Geralmente, é feita com a ajuda das propriedades eléctricas e sísmicas da terra e sem qualquer perfuração à superfície. A informação fornecida por estas técnicas é parcialmente fiável e envolve menos despesas. Apenas fornecem indicações indirectas sobre as águas subterrâneas, pelo que os dados hidrológicos subterrâneos devem ser inferidos a partir de investigações à superfície. As interpretações corretas requerem dados suplementares provenientes de investigações sub-superficiais para fundamentar as descobertas à superfície. Isto é conseguido principalmente pelo método geofísico, ou seja, resistividade eléctrica e método de refração sísmica.

O método da resistividade eléctrica é uma das técnicas geofísicas para investigar a natureza das formações subterrâneas, através do estudo das variações das propriedades eléctricas das formações. A resistividade é uma propriedade física de uma substância definida como a resistência por uma unidade de comprimento de uma substância de uma unidade de área ao fluxo de corrente eléctrica, quando a tensão é aplicada em faces opostas. Se a resistividade no solo for uniforme, então a resistividade medida será constante e independente do espaçamento entre eléctrodos e da localização da superfície. Se a resistividade do solo não for homogénea, então a resistividade medida variará com a localização relativa e absoluta dos eléctrodos. Neste caso, a resistividade medida é uma resistividade aparente (pa), que depende da forma e do tamanho das regiões anómalas, das camadas e dos valores relativos da resistividade nessas regiões.

1.1 Composição e resistividade do solo

Cada material tem a sua própria resistência. Da mesma forma, os valores de resistividade de cada camada da terra também variam. Os valores da resistividade de alguns materiais terrestres comuns são apresentados na Tabela 1.

Tabela 1. Valores de resistividade dos materiais terrestres, Ohm-m

COMPOSITION	RESISTIVITY
Top soil	5-50
Peat and clay	8-50
Clay sand and gravel mixture	90-250
Saturated sand and gravel	40-100
Moist to dry sand and gravel	100-3000
Mud stone and shale	8-100
Sandstone and limestone	100-1000
Crystalline rock	200-10000
Quartz	100
Calcite	500
Dense granite	1000000
Metamorphic rock	100-100000000
Unconsolidated sedimentary rock	10-10000
Gravel and sand with water	100
Fresh water	100
Shale and clay	10
Brine	0.05

Com base nestes valores de resistividade, é possível distinguir os materiais que contêm água dos outros. Tal como as formações terrestres, os valores de resistividade dos diferentes tipos de água também diferem uns dos outros. Apresentam variações de acordo com os factores geológicos e as formações em que a água existe. Alguns destes valores de resistividade são apresentados na Tabela 2.

Tabela 2. Valores de resistividade de diferentes tipos de água, Ohm-m

DIFFERENT TYPES OF WATER	RESISTIVITY
Meteoric water (derived from precipitation)	30-1000
Surface water (in districts of sedimentary rocks)	10-100
Groundwater (in areas of igneous rocks)	30-150
Sea water	0.2
Groundwater (in areas of sedimentary rocks)	More than 1

Tanto as rochas porosas como as não porosas comportam-se como isolantes até estarem em estado seco. A resistência diminui com o aumento da água dos poros. O material não consolidado tem mais resistência do que o material compactado com a mesma composição. As rochas sedimentares têm melhor condutividade, ou seja, menor resistência do que as rochas ígneas. A argila tem maior condutividade do que a areia devido à presença de aglomerados de ferro na superfície da argila. Com base neste conhecimento do estudo de resistividade, é possível distinguir entre os principais grupos de rochas e as zonas portadoras de água.

O método da Resistividade Eléctrica foi utilizado para a investigação geofísica das águas subterrâneas no jardim de coqueiros da Faculdade de Horticultura, Vellanikkara. O presente projeto foi realizado com os seguintes objectivos

1. Realizar uma investigação hidrogeofísica do potencial das águas subterrâneas no jardim de coqueiros da Faculdade de Horticultura, Vellanikkara.
2. Para obter a distribuição dos aquíferos na área de estudo.
3. Delinear possíveis locais para a perfuração de poços tubulares para abastecimento de água para irrigação.

II. REVISÃO DA LITERATURA

2.1 Vários medidores de resistividade

Existem diferentes tipos de medidores de resistividade utilizados para o levantamento da resistividade eléctrica. Os detalhes de alguns medidores de resistividade normalmente utilizados são mencionados abaixo de forma resumida.

2.1.1 Medidor de resistividade terrestre 16GL-N

Tagel (2008) efectuou uma investigação geofísica para avaliação do potencial das águas subterrâneas utilizando o medidor de resistividade terrestre 16GL-N e concluiu que se trata de um instrumento de alta resolução e alta sensibilidade gerido por um multiprocessador. Tem uma estrutura leve e compacta numa caixa à prova de intempéries. É possível efetuar leituras contínuas de corrente ou tensão e uma memória de aquisição de 18000 leituras sem descarga direta de dados. Pode ser utilizado para a prospeção de águas subterrâneas no subsolo a pouca, média e grande profundidade, estudos geológicos de contaminação de água salgada em camadas de água doce, monitorização de deslizamentos de terras, exploração mineral e investigação arqueológica.

2.1.2 Medidor de resistividade de empilhamento de sinal IGIS Modelo SSR-MP-ATS

Ahilan *et al.* (2011) utilizaram a configuração da Schlumberger usando um medidor de resistividade digital de empilhamento de sinal baseado em microprocessador do IGIS. Na presença de ruídos terrestres aleatórios (não coerentes), a relação sinal/ruído pode ser melhorada por DN, em que N é o número de leituras empilhadas. O SSR-MP-ATS é um medidor de resistividade de empilhamento de sinal baseado em microprocessador, no qual são apresentadas as médias das medições [1, (1+2)/2, (1+2+3)/3, (1+2+....+16)/16] até aos empilhamentos escolhidos e a média final é armazenada automaticamente na memória, utilizando o princípio do empilhamento para obter a vantagem de uma elevada relação sinal/ruído. Assim, o SSR-MP-ATS pode ser utilizado para investigações de resistividade até cerca de 600 m de profundidade ou mais, em condições geológicas favoráveis. O SSR-MP-ATS é operado através de um menu de fácil utilização. A caraterística especial do SSR-MP-

ATS é que pode armazenar os dados até 20.000 medições (ou dados de cerca de 100 sondagens) na sua memória FLASH. Tem a possibilidade de transferir todos os dados (ou qualquer dado em particular) diretamente para o computador através da porta USB para análise posterior. Os dados também podem ser visualizados através de um ecrã LCD alfanumérico (20 x 4).

As aplicações deste dispositivo são principalmente nas áreas de exploração de águas subterrâneas, investigações de rochas, delineação de estruturas geológicas, identificação de depósitos de areia e cascalho, investigações minerais e formação geofísica no terreno.

2.1.3 Medidor de resistividade do tipo SYSCAL

Mohamed *et al.* (2012) utilizaram o medidor de resistividade do tipo SYSCAL para o levantamento da resistividade geoeléctrica na área de Al-Quway'yia, na Arábia Saudita. Utilizaram este instrumento devido às seguintes caraterísticas. Trata-se de medidores de resistividade totalmente automáticos, concebidos para a exploração intensiva de águas subterrâneas por métodos eléctricos de corrente contínua. Permitem o estudo das variações da resistividade em função da profundidade (sondagem eléctrica vertical), bem como das variações ao longo de um perfil (perfilagem eléctrica). A capacidade de carga (Polarização Induzida) do solo também pode ser calculada. As medições intensivas no terreno podem ser efectuadas de forma eficiente, uma vez que estes equipamentos são muito compactos. São constituídos por duas baterias internas, uma para a alimentação do circuito e outra para a geração da corrente de injeção. O medidor de resistividade utiliza o seu conversor interno para gerar corrente no solo.

2.1.4 Medidor de resistência de terra TL-5

K'Orowe *et al.* (2012) utilizaram o medidor de resistência da terra TL-5 e referiram que se trata de um instrumento digital controlado por um microprocessador que foi concebido para efetuar medições da resistência da terra e da resistividade, utilizando o método de Wenner. A unidade TL-5 é totalmente automática e fácil de utilizar. Antes de efetuar uma leitura, a unidade controla as condições da instalação para verificar se estão dentro dos limites adequados. De seguida, avisa o utilizador de qualquer situação anormal (tensões de interferência muito elevadas, intensidade da corrente de ensaio muito baixa, etc.). O instrumento dispõe de 4 gamas para a medição de resistências, cobrindo uma gama que vai de

0,01 Ω a 20 Kω

2.2 Estudos de resistividade eléctrica

Os estudos sobre a exploração de águas subterrâneas utilizando o medidor de resistividade eléctrica em diferentes partes do mundo foram analisados criticamente em relação aos seguintes objectivos de estudo;

1. Propriedades do aquífero.
2. Exploração de águas subterrâneas
    1. Em terrenos subterrâneos
    2. Em zonas de rocha dura
3. Estimativa da recarga de águas subterrâneas.
4. Litologia e qualidade das águas subterrâneas.

2.2.1 Propriedades do aquífero

Owen *et al.* (2003) realizaram um estudo de resistividade com vários eléctrodos sobre estratos metassedimentares e metavulcânicos na cintura de Greenstone de Harare, no nordeste do Zimbabué, como parte da investigação dos recursos hídricos subterrâneos. As formações de meta-basalto, meta-arenito, granodiorito e ferro bandado podem ser identificadas por dados de resistividade, com base principalmente na profundidade da meteorização, mas também parcialmente em valores relativos de resistividade.

Ariyo e Adeyemi (2009) realizaram um estudo para determinar as caraterísticas geoeléctricas e hidrogeológicas do aquífero presente nas áreas de Fidiwo/Ajebo, no sudoeste da Nigéria. Cerca de 28 locais VES foram sondados com a configuração Schlumberger e o resultado interpretado dá uma visão geral das caraterísticas do aquífero.

Hadi e Gholam (2010) efectuaram um levantamento geofísico utilizando técnicas VES para investigar a estratificação sub-superficial na bacia de Shooroo, a sudoeste de Zahedan, a fim de determinar a natureza, as caraterísticas e a extensão espacial dos componentes do aquífero subjacente à região. As medições VES são efectuadas com o dispositivo Schlumberger. As curvas registadas são traçadas. Os dados de campo foram interpretados utilizando o software russo IPI7.6.3. Os resultados mostraram as caraterísticas da bacia.

Metwaly *et al.* (2012) realizaram levantamentos de resistividade geoeléctrica na área de

Al Quwy'yia, localizada na parte central da Arábia Saudita, para mapear o aquífero e estimar a potencialidade das águas subterrâneas numa área promissora perto de Riade. Os VES são obtidos com o sistema de aquisição Syscal $_{R2}$, operando com a configuração de eléctrodos Schlumberger. As curvas de dados de resistividade adquiridas fornecem certas propriedades do ambiente geológico.

Ayoola (2013) estudou a utilização quantitativa de dados de resistividade superficial para a estimativa de parâmetros hidráulicos de aquíferos. Os resultados apontam para a presença de diferentes comportamentos físicos que controlam a relação entre a condutividade hidráulica, K, e a resistividade eléctrica, p. Os dados de resistividade superficial podem ser importantes estimadores quantitativos de parâmetros hidráulicos e geometrias de aquíferos quando corretamente utilizados em estudos de caraterização de aquíferos. Ao utilizar dados de resistividade superficial, é necessário ter em conta a natureza do aquífero (teor de argila), a saturação, a base física da correlação e a possibilidade de falsa correlação.

2.2.2 Estudos de exploração de águas subterrâneas

Mohammad (1975) realizou um estudo de viabilidade para localizar fontes de água subterrânea utilizando sondagens verticais de resistividade eléctrica. O estudo discute a ocorrência de água subterrânea na região da planície costeira do sudeste da Virgínia e do nordeste da Carolina do Norte. Foram efectuadas 45 sondagens de resistividade vertical (VES) com o conjunto da Schlumberger. Foi prevista uma separação máxima de 8.000 pés entre os eléctrodos de corrente. Os dados VES foram interpretados através de um programa automático de interpretação por computador e pelo método de correspondência de curvas. Os resultados aqui relatados sugerem que, na área a oeste da cidade de Suffolk, a profundidade do complexo do subsolo pode ser determinada com razoável confiança. A leste de Suffolk, foi detectado um "subsolo elétrico" de alta resistividade a profundidades que normalmente excediam os 1.000 pés. A correlação entre algumas interpretações VES e registos de resistividade de poços nas suas proximidades revela elevados graus de semelhança.

Dahlin e Owen (1998) citaram que os métodos geoeléctricos 2D são muito eficazes na medição de secções até 10 m, com alguns resultados recentes apresentados a partir de uma penetração mais profunda. Os resultados dos levantamentos eléctricos são normalmente apresentados como secções geoeléctricas, de condutividade ou de resistividade, perfis de linha ou mapas e volumes. A exploração de águas subterrâneas foi realizada utilizando levantamentos de resistividade 2D com um sistema de imagem ABEM Lund, juntamente com radar de penetração no solo em aquíferos aluviais pouco profundos no Zimbabué. Os resultados foram utilizados para construir modelos geológicos/hidro-geológicos conceptuais dos aquíferos como base para orientar o programa de perfuração. Olayinka e Barker (1990) utilizaram técnicas semelhantes de travessia por resistividade controlada por microprocessador para a localização de furos de sondagem na Nigéria.

Ayolabi *et al.* (2000) realizaram uma investigação das águas subterrâneas em Igbogbo, Lagos, utilizando técnicas de refração sísmica e de resistividade eléctrica. Correlacionaram os resultados de cada método e delinearam zonas aquíferas.

Rhett (2000) fez um estudo sobre a resistividade eléctrica em geofísica. Este artigo apresenta a componente de resistividade eléctrica de um curso de geofísica na Universidade de Radford. Os resultados finais são apresentados de forma a que os geofísicos possam utilizá-los no terreno. É apresentado um método para a construção de um aparelho barato para medir a resistividade eléctrica, tanto num laboratório de mesa como no terreno.

Basudeo *et al.* (2005) realizaram um estudo para avaliar as zonas prospectivas de águas subterrâneas utilizando métodos de deteção remota e geoeléctricos nos campos de carvão de Jharia e Raniganj, distrito de Dhanbad, estado de Jharkhand. Foram realizadas vinte e seis sondagens eléctricas verticais (VES) utilizando a configuração de eléctrodos Schlumberger. Os resultados revelaram a existência de 3 a 7 camadas sub-superficiais. Verificou-se que a resistividade das rochas intemperizadas/fracturadas portadoras de água variava entre 120-150 ohm-m. Os estudos integrados revelaram os locais mais promissores para a exploração de águas subterrâneas e os poços podem ser escavados até profundidades de 30 ± 5 m.

Priti (2009) realizou um projeto sobre a exploração de águas subterrâneas utilizando o método da resistividade eléctrica. Para o estudo, foi utilizado o medidor de resistividade do solo Ashida. Trata-se de uma ferramenta eletrónica vital e sofisticada para explorar os mistérios do mundo sub-superficial. É muito fácil operar o instrumento se as instruções forem seguidas passo a passo e corretamente, então as leituras podem ser facilmente interpretadas. O ponto de resistência mais baixa foi marcado, ou seja, 55 ohms, e foi considerado o melhor ponto numa determinada área, para a quantidade máxima de água subterrânea que produz e a zona de água está a uma profundidade de 14 metros e 30 metros.

Oseji e Ujuanbi (2009) efectuaram uma pesquisa sobre a investigação hidro-geofísica do potencial das águas subterrâneas em Emu Kingdom, Nigéria. Foi realizado um estudo de 10 sondagens eléctricas verticais de diferentes bairros de Emu Kingdom utilizando a matriz Schlumberger. Esta foi uma tentativa de obter informações úteis sobre a distribuição dos aquíferos na área e, consequentemente, delinear possíveis locais onde poderiam ser perfurados furos para o abastecimento de água potável e sustentável. Com base na secção geoeléctrica, que está de acordo com o registo do perfurador, foram identificados os melhores ambientes para o abastecimento sustentável de água. Este coincide com a terceira camada do aquífero no reino de Emu e consiste numa formação de areia de grão médio. A profundidade média deste aquífero foi de 45 m, cuja espessura não está definida em Obiogo, uma vez que é a última camada. Noutras partes do reino de Emu, a espessura varia entre 45 m no bairro de Ikosa e 95 m no bairro de Etevie. As resistividades destas camadas variam de 1000-3000 ohm-m. O sistema aquífero do Reino de Emu tem um leito confinante sobrejacente sem uma camada confinante subjacente; por conseguinte, é vazado ou semi-confinado.

Bozkurt *et al.* (2009) estudaram as relações entre a condutividade aparente do solo (ECa) e o teor de água do solo (Wn), em função da salinidade, da porosidade, do pH e do teor de argila em duas coberturas projectadas localizadas nas regiões de Umuttepe e Alikahya. O estudo foi efectuado para compreender as diferentes propriedades da condutividade aparente do solo. Simultaneamente, foram recolhidas amostras de solo a uma profundidade de 0,3 m de cada local dos pontos de medição em ambas as coberturas artificiais para determinar as propriedades do solo. Os valores de pH foram medidos em cada um dos pontos de medição in-situ. As leituras de ECa do solo foram correlacionadas com Wn, salinidade, porosidade, pH e teor de argila.

Ameloko e Rotimi (2010) realizaram um estudo que foi concebido para produzir imagens apropriadas da bacia do rio Kubbani com o objetivo de investigar e delinear locais apropriados para a exploração de água subterrânea. Foi utilizado um sistema de campo moderno, o Terrameter (Signal Averaging System) SAS 4000/1000, para realizar a tarefa de exploração das águas subterrâneas na bacia. Foram medidas 23 linhas de imagem em diferentes locais estratégicos da área de estudo com base no mapa de fracturação da área e em informações anteriores obtidas na área. As resistividades aparentes medidas foram utilizadas para construir uma secção de contorno vertical que mostra a variação da resistividade tanto lateral como verticalmente ao longo da secção. A interpretação dos dados adquiridos com este equipamento revelou a adequação da parte sul da área de estudo para a localização de furos de sondagem.

Naveen (2010) realizou um projeto sobre a exploração de águas subterrâneas utilizando o método da resistividade eléctrica. O relatório do projeto sublinha o trabalho de pesquisa realizado para explorar as águas subterrâneas de modo a satisfazer a necessidade de aumento da procura de água pelo NIT Rourkela. Com base nos resultados do inquérito, foram efectuadas operações de perfuração no ponto proposto, incorporando o método de percussão rotativa, e foi feita a medição da descarga. O trabalho de sondagem foi realizado com a ajuda do método de resistividade eléctrica Ashida e os resultados obtidos através do trabalho de sondagem foram coerentes com os resultados reais obtidos através das operações de perfuração.

Ezomo e Akujieze (2010) efectuaram uma investigação geofísica na aldeia de Oluku e nos seus arredores no estado de Edo, Nigéria. Este estudo teve como objetivo investigar possíveis fontes de água subterrânea. Foi utilizada a técnica de sondagem eléctrica vertical (VES) com uma matriz Schlumberger. O espaçamento dos eléctrodos de corrente variou entre 1 e 632 m. Este estudo revelou a existência de um aquífero não confinado na área que pode ser explorado para satisfazer as necessidades básicas da comunidade. Foram realizadas dez sondagens de campo distribuídas de forma equitativa na aldeia de Oluku e nos seus arredores para justificar a operação de campo do levantamento geofísico. Os resultados da interpretação identificaram um aquífero não confinado como fonte de água subterrânea. Pertencia à formação Benin a uma profundidade de 10 m a 125 m abaixo do nível do mar. As resistividades do aquífero não confinado detectado variaram de 700 ohm-m a 10.000 ohm-m enquanto a sua espessura variou de 5 m a 65 m. Foram detectadas áreas de prováveis fontes de água subterrânea para futuras operações de perfuração.

Mahmoudi *et al.* (2011) efectuaram um estudo para mapear os aquíferos no campus da Universidade King Faisl. O objetivo deste trabalho é mapear os sistemas aquíferos subjacentes na área de estudo. Este estudo ajudou a escolher as melhores localizações para os poços propostos, nas áreas com maior potencial.

Ashvin (2011) realizou um projeto de pós-graduação sobre a exploração de águas subterrâneas utilizando o método da resistividade eléctrica. O projeto trata principalmente da exploração de águas subterrâneas no NIT Rourkela, realizando um trabalho de levantamento para satisfazer as necessidades. Com base em 16 resultados, foi efectuada a medição da descarga. As operações de perfuração foram efectuadas no ponto proposto com a ajuda do método de percussão rotativa. Todo o trabalho de levantamento foi feito com o método de resistividade eléctrica Ashida. Verificou-se uma coerência entre o trabalho de levantamento efectuado e os resultados reais, que foram obtidos através de operações de perfuração.

Anomohanran (2011) efectuou uma investigação geofísica em Oleh, na Nigéria, para determinar o potencial das águas subterrâneas e a estrutura geológica da área. O método utilizado neste estudo foi a sondagem eléctrica vertical (VES) utilizando a configuração Schlumberger. Os dados obtidos foram interpretados através de um processo de iteração computorizada e os resultados foram comparados com o registo litológico dos furos de sondagem existentes. Esta comparação indicou uma formação com quatro camadas. O primeiro aquífero identificado neste estudo estava localizado ao longo da segunda camada com uma resistividade que variava entre 347,4 e 1137 Om e uma profundidade que variava entre 2,0 e 3,7 m. A análise desta camada mostrou que este aquífero é não confinado e propenso à poluição, uma vez que está subjacente a uma formação arenosa fina, solta e argilosa. O segundo aquífero foi considerado uma formação de água potável viável com uma resistividade que varia entre 416,7 e 1459,2 Om e uma espessura que varia entre 12,0 e 14,9 m. A profundidade do aquífero varia entre 21,8 e 29,7 m. Por conseguinte, foram recomendados furos para água subterrânea potável na quarta camada.

Rosli *et al.* (2012) realizaram um estudo em áreas com um registo geológico de aluvião espesso, utilizando tomografia eléctrica 2-D. Os resultados mostram que as águas subterrâneas reduzem o valor da resistividade e que o lodo também reduz o valor da resistividade para um valor inferior ao efeito das águas subterrâneas.

Massing *et al.* (2012) realizaram uma pesquisa sobre a exploração de águas subterrâneas no subsolo do Lago-Iro, Distrito-Chade, utilizando a abordagem de imagens de resistividade eléctrica. As medições foram realizadas com os sistemas multi-electrodos Syscal Junior R1-Switch-48 (Iris Instruments). A interpretação das imagens eléctricas processadas revelou a utilidade desta técnica na seleção de locais para a abertura de furos em terrenos difíceis. O método ERI produziu pseudo-secções significativas com elevada qualidade em termos de resolução estrutural. Foi possível definir significativamente a estratificação de diferentes unidades litológicas, a profundidade do leito rochoso e os perfis de meteorização, bem como a identificação de estruturas como fracturas na subsuperfície. Verificou-se que o aquífero é heterogéneo, anisotrópico e descontínuo. As relações entre as espessuras intemperizadas/caudal de funcionamento e a litologia foram comparadas com parâmetros hidrodinâmicos. Este facto permitiu evidenciar a potencialidade das águas subterrâneas no subsolo. Concluíram que os furos de sondagem confirmaram uma taxa de sucesso de 65,22% e que as águas subterrâneas são geralmente exploráveis nas formações graníticas.

Mohamed *et al.* (2012) realizaram uma investigação sobre a exploração de águas subterrâneas utilizando a técnica da resistividade geoeléctrica na área de Al-Quwy'yia, no centro da Arábia Saudita. O objetivo era cartografar o aquífero e estimar a potencialidade das águas subterrâneas. Os conjuntos de dados de sondagem eléctrica vertical (VES) adquiridos foram recolhidos ao longo de três perfis longitudinais com tendência Este-Oeste, perpendiculares ao contacto basal/sedimentar. Os conjuntos de dados foram analisados usando 1D para obter as camadas de resistividade ao longo das áreas. A informação de dois furos de sondagem foi combinada durante o processamento para melhorar os resultados e restringir os modelos de resistividade com camadas geológicas. Os resultados revelaram principalmente duas camadas geo-eléctricas que representam principalmente o subsolo e as rochas sedimentares.

Selvam (2012) efectuou uma investigação das águas subterrâneas em Panchipenta Mandal utilizando um estudo de resistividade eléctrica vertical. Este estudo foi realizado com o objetivo de demonstrar a aplicação do método de investigação VES na exploração de águas subterrâneas. A área de prováveis fontes de águas subterrâneas foi detectada para futuras operações de perfuração. O VES provou ser muito fiável para estudos de águas subterrâneas.

Austin *et al.* (2013) conduziram estudos geoeléctricos para a delineação de potenciais zonas de águas subterrâneas em Oduma no Estado de Enugu, Sudeste da Nigéria. Este trabalho avalia a utilização do método geoeléctrico na delimitação de potenciais zonas de águas subterrâneas em Oduma. Treze (13) sondagens eléctricas verticais (VES) foram realizadas na área de estudo. Os dados interpretados da VES mostram a predominância do tipo de curva Q e H, indicando uma subsuperfície de xisto fracturado. Foram construídos mapas de contorno de isoresistividade, profundidade, resistência transversal, condutância longitudinal, transmissividade do aquífero e condutividade hidráulica. A transmissividade do aquífero calculada a partir dos valores dos dados VES indica um aquífero de baixo rendimento. Este último foi utilizado para delinear as zonas potenciais de águas subterrâneas com base nas classificações de transmissividade do aquífero Gheorge. Foram delineadas três zonas potenciais de águas subterrâneas: as zonas de potencial baixo, muito baixo e negligenciável.

O método da resistividade eléctrica está a ser utilizado para a investigação hidrogeofísica de águas subterrâneas. A configuração de Wenner da disposição dos eléctrodos com sondagem eléctrica vertical (VES) é a mais praticada. O medidor de resistividade de empilhamento de sinal IGIS, modelo SSR-MP-ATS, foi utilizado para obter o padrão de distribuição de aquíferos em terrenos lateríticos selecionados e para delinear possíveis locais para a localização de aquíferos. O inverso da resistência medida 1/R foi representado num gráfico linear em função da separação dos eléctrodos de Wenner. Mesmo camadas finas em camadas mais profundas podem ser detectadas (Kurien *et al.* 2013).

2.2.2.1 Exploração de águas subterrâneas em terrenos de subsolo

Olorunfemi e Oloruniwo (1987) utilizaram o método da resistividade eléctrica para a investigação das águas subterrâneas em partes do terreno do subsolo no sudoeste da Nigéria e concluíram que a camada meteorológica e o subsolo fracturado constituem as zonas aquíferas.

Abdelatif (2000) realizou um estudo de caso sobre a exploração de águas subterrâneas numa área de subsolo utilizando levantamentos eléctricos e electromagnéticos, em El Sunut, Estado do Cordofão do Norte. Os levantamentos geofísicos foram aplicados em combinação com investigações geológicas e hidro-geológicas na área de estudo. O estudo mostrou que a espessura do subsolo intemperizado é de cerca de 77m e pode atingir 135m. A interpretação das sondagens eléctricas verticais mostra que os depósitos superficiais que se sobrepõem ao subsolo intemperizado são compostos por areia, quartzo ou fragmentos de subsolo. Os furos de sondagem na área mostraram um rendimento superior a 2000 g/h em algumas localidades. A partir dos dados dos furos e dos resultados da interpretação geofísica, concluiu-se que o vale na área é um antigo canal enterrado.

Anudu *et al.* (2011) realizaram uma sondagem geoeléctrica para a exploração de águas subterrâneas no terreno do subsolo cristalino em torno de Onipe e áreas adjacentes no sudoeste da Nigéria. Foram realizadas dezasseis sondagens geoeléctricas (VES) utilizando a matriz Schlumberger em toda a área. Os dados de campo adquiridos foram interpretados utilizando a abordagem de correspondência de curva parcial e o software de interpretação de sondagem de resistividade iterativa, IPI2Win Versão 3.0.1. Os resultados mostram três a quatro camadas geo-eléctricas e foram localizados os melhores pontos para a localização de poços ou furos na área.

Ushie e Nwankwala (2011) realizaram um levantamento geoeléctrico em Yalla, no sul da região de Benue, no sudeste da Nigéria, para avaliar a ocorrência de águas subterrâneas. Os resultados do levantamento de resistividade mostram que existem pelo menos quatro camadas geoeléctricas de várias espessuras. Verificou-se que estas camadas têm diferentes resistividades eléctricas, o que reflecte efetivamente o seu conteúdo de água.

Bayewu *et al.* (2012) centraram-se na utilização de métodos de levantamento geofísico eletromagnético de frequência muito baixa (VLF-EM) e de resistividade eléctrica - sondagem eléctrica vertical (VES) num terreno complexo típico do subsolo cristalino. O objetivo deste trabalho foi, portanto, delinear zonas de fracturação para a exploração de águas subterrâneas na subsuperfície do local permanente da Universidade Olabisi Onabanjo, Ago-Iwoye, sudoeste da Nigéria, de modo a melhorar a situação do abastecimento de água no campus. O trabalho mostra a eficácia da combinação do levantamento VLF-EM e VES na delineação exacta de uma área para a ocorrência e exploração de águas subterrâneas.

Aweto (2012) realizou uma investigação de resistividade dc-eléctrica na área de Oke-Ila com vista a delinear zonas fracturadas dentro das rochas do subsolo cristalino, utilizando o Terrameter ABEM SAS 1000. Os resultados da investigação revelaram três camadas geoeléctricas distintas: solo superficial, camada meteorológica e rochas do subsolo cristalino fracturadas/frescas. O estudo revelou que as zonas fracturadas que constituem as zonas produtoras de água são descontínuas (localizadas) e ocorrem a uma profundidade média de 37,5m.

Kehinde Ishola *et al.* (2013) avaliaram as zonas de potencial de águas subterrâneas em terrenos complexos do subsolo usando sondagens de profundidade de resistividade e para delinear zonas de potencial de águas subterrâneas no subsolo. A metodologia foi um total de quarenta sondagens eléctricas verticais (VES) foram realizadas ao longo de cinco travessias em Challenge e Oluyole localidades em Ibadan (sudoeste da Nigéria) usando uma matriz de eléctrodos Schlumberger com espaçamento máximo de meio elétrodo de 150m. As medições foram efectuadas com o Terrameter JAK 6000. As curvas de campo obtidas a partir das sondagens foram interpretadas utilizando a correspondência parcial de curvas e iterativamente pelo software WinGlink com saída como curvas de sondagem unidimensionais que mostram a resistividade e a profundidade das camadas subsuperficiais. Os resultados delinearam três a quatro camadas geo-eléctricas. Estas incluem a camada superficial do solo, uma intercalação de argila e areia, os subsolos fracturados e intemperizados que constituem o aquífero com uma espessura de cerca de 6,9 a 11,9 m e a rocha fresca, caracterizada por um valor de resistividade de 780 a 970 Ohm-m. As secções geo-eléctricas e os mapas de iso-pachos da sobrecarga revelaram áreas de sobrecargas finas e espessas. As áreas de sobrecarga espessa (materiais acima do leito rochoso) são áreas prioritárias para possíveis desenvolvimentos de águas subterrâneas. A conclusão foi que o potencial das águas subterrâneas é relativamente elevado para exploração.

2.2.2.2 Exploração de águas subterrâneas em zonas de rocha dura

Stephen e Gabriel (2009) realizaram um estudo de caso nas áreas de Fidiwo, no sudoeste da Nigéria, a fim de estudar o papel do método de resistividade eléctrica para a exploração de águas subterrâneas em áreas de rocha dura. Cerca de 28 estações foram sondadas na área de estudo usando sondagem eléctrica vertical (VES) com configuração de eléctrodos Schlumberger. O resultado foi interpretado pela técnica de correspondência parcial de curvas e pelo programa de iteração por computador. Através deste método elétrico, verificou-se que o aquífero comum é um complexo basáltico típico, que constitui rocha de leito fracturado e intemperizado. A partir da profundidade de alguns poços escavados à mão na área de estudo, descobriu-se que estes apenas extraem os seus recursos hídricos do regolito, o que levou à secura destes poços no pico da estação Harmattan na Nigéria.

Anomohanran (2013) efectuou uma investigação geofísica em Oleh, na Nigéria, para avaliar o estado das águas subterrâneas da área. O método utilizado neste estudo foi a técnica de sondagem eléctrica vertical (VES) utilizando a configuração Schlumberger. Os dados obtidos foram interpretados pelo processo de iteração por computador e os resultados, quando comparados com o registo litológico do furo existente, indicam uma formação de quatro camadas. A análise desta camada revelou que este aquífero é não confinado e propenso à poluição, uma vez que está subjacente a uma formação de areia solta e de areia argilosa muito fina. O segundo aquífero localizado na quarta camada é uma formação de água portável viável cujos valores de resistividade variam entre 416,7 e 1459,2 Ωm. A espessura do aquífero variou entre 12,0 e 14,9 m e a profundidade entre 12,8 e 28,7 m. Recomenda-se, portanto, a abertura de furos para água subterrânea potável na quarta camada.

Rai *et al.* (2013) estudaram a tomografia de resistividade eléctrica para a exploração de águas subterrâneas num terreno granítico no campus da NGRI, em Hyderabad. A extração de água subterrânea para uso doméstico aumentou várias vezes, causando um abaixamento contínuo do lençol freático no campus e nas suas imediações. Esta comunicação apresenta os resultados da tomografia de resistividade eléctrica (ERT) realizada nas instalações do CSIR-NGRI para localizar potenciais recursos de água subterrânea, bem como escolher locais adequados para a recarga artificial do aquífero. A zona potencial de águas subterrâneas identificada pela ERT é verificada num local através da perfuração de um poço.

2.2.3 Estimativa da recarga de água subterrânea

Donald e Doak (1967) realizaram um projeto técnico sobre a estimativa da configuração das águas subterrâneas perto de Pahala, Hawaii, utilizando técnicas de resistividade eléctrica. O estudo tentou determinar a extensão desta água de cabeça alta e definir a natureza da sua ocorrência. Foram realizadas trinta e duas sondagens eléctricas e algumas das sondagens indicaram os limites do reservatório. Verificou-se que a água subterrânea de cabeça alta encontrada no poço de Pahala se estende pelo menos 3500 pés a nordeste de um poço em Pahala.

Israil *et al.* (2003) efectuaram uma estimativa da recarga das águas subterrâneas utilizando um método de resistividade eléctrica de superfície na região do sopé dos Himalaias, na Índia. Na área de estudo, foram efectuadas 32 medições VES. O resultado interpretado mostra uma relação empírica bem definida entre a resistividade da zona não saturada e a percentagem de recarga. O método sugere uma nova aplicação dos dados de resistividade eléctrica superficial na determinação da percentagem de recarga devida à infiltração. Concluíram que a relação obtida é útil na estimativa e avaliação da recarga das águas subterrâneas e que o estudo da resistividade eléctrica superficial é eficiente, económico e consome menos tempo.

2.2.4 Litologia e qualidade das águas subterrâneas

Abdelatif e Sulaiman (2000) utilizaram um estudo de resistividade para avaliar a qualidade das águas subterrâneas no aterro sanitário de Seri Pataling, localizado no estado de Selanger, Malásia. Utilizaram o medidor de resistividade OYO McOhm. A partir das curvas VES obtidas, concluíram que as águas subterrâneas neste aterro são impróprias para consumo doméstico devido à presença de uma elevada quantidade de sólidos totais dissolvidos (TDS) ao longo da linha de estudo.

Arshad *et al.* (2007) utilizaram o estudo da resistividade eléctrica para determinar a qualidade das águas subterrâneas e a litologia do aquífero inferior Rechna Doab na parte central do Punjab. O VES foi medido em nove locais com uma matriz Schlumberger. As curvas de VES interpretadas revelaram a presença de água subterrânea fresca no aquífero que consiste na camada superficial (solo superior), na camada de aluvião e na camada saturada (solo inferior) e a profundidade, espessura e tipo de todas as camadas foram identificados.

Girish (2009) efectuou um estudo hidrogeológico integrado da bacia do rio Muvattupuzha, Kerala. O presente estudo aborda as diferentes caraterísticas hidrogeológicas de uma bacia hidrográfica central de Kerala, ou seja, a avaliação dos parâmetros do aquífero, a determinação das variações sazonais na qualidade das águas subterrâneas e a demarcação das zonas potenciais de águas subterrâneas. As medições são efectuadas com uma configuração de eléctrodos Schlumberger. A partir da curva de resistividade interpretada, foram obtidas algumas propriedades do aquífero. A análise da resistividade indica que a bacia de Muvattupuzha tem uma boa zona de potencial freático e certas zonas promissoras para poços médios e profundos em toda a bacia.

Amarachi e Ako (2012) realizaram uma investigação geofísica que envolveu os métodos de refração sísmica e de resistividade eléctrica de sondagem eléctrica vertical (VES) em torno dos bairros de Ajebandele, Ile-Ife, Estado de Osun, Sudoeste da Nigéria. O estudo foi efectuado com o objetivo de determinar os parâmetros da camada subsuperficial (velocidades, resistividades e espessuras) e utilizá-los para classificar o potencial de água subterrânea da área. Foram localizadas seis sondagens eléctricas verticais e as medições foram efectuadas com a configuração de eléctrodos Schlumberger. As curvas são interpretadas com base nas caraterísticas geoeléctricas e na determinação da percentagem de cada grupo. Com base no registo litológico disponível, as curvas VES foram interpretadas em termos de litologia.

Olawepo *et al.* (2013) Avaliaram o potencial das águas subterrâneas e as litologias de subsuperfície nos bairros da Unilorin utilizando o método da resistividade. A matriz Schlumberger do método de resistividade eléctrica foi utilizada para sondar um total de seis pontos VES dentro das instalações do Senior Staff-Quarters da Universidade de Ilorin em Ilorin, Estado de Kwara, Nigéria. O objetivo era avaliar o potencial das águas subterrâneas e delinear a litologia subsuperficial da área. Os resultados obtidos a partir da sondagem foram depois analisados para determinar os aquíferos da zona. Pode deduzir-se do resultado da interpretação que o local de ensaio tem pelo menos quatro camadas litológicas principais, sendo a camada mais superficial (solo superficial) maioritariamente laterítica, a segunda camada argilosa/areia, a terceira o subsolo intemperizado e a quarta camada o subsolo fracturado. O aquífero na área está localizado principalmente no interior do subsolo fracturado e encontra-se a uma profundidade que varia entre 16,8 m e 88,6 m. A profundidade média do aquífero é de 50,0 m. A capacidade de proteção da sobrecarga mostrou que 16,67% da área de estudo tem uma capacidade de proteção fraca, 50% uma capacidade de proteção fraca e 33,33% uma capacidade de proteção moderada. Isto sugere que a área é uma zona aquífera razoável, mas o subsolo fracturado que contém as águas subterrâneas não é propenso a contaminantes superficiais e próximos da superfície.

III. MATERIAIS E MÉTODOS

As águas subterrâneas são uma fonte fiável de água para as nossas necessidades, como a irrigação, os fins domésticos e todas as outras necessidades. A sua ocorrência pode ser estudada com a ajuda de várias técnicas geofísicas. Uma vez que os métodos eléctricos são os mais utilizados e são comparativamente económicos, realizámos um estudo utilizando o método da resistividade eléctrica para explorar as águas subterrâneas em vários locais do jardim de coqueiros da Faculdade de Horticultura, Vellanikkara, Kerala.

3.1 Estudo de exploração de águas subterrâneas

O princípio básico deste método é que a água subterrânea contém vários sais dissolvidos. Estes sais são condutores iónicos e permitem que as correntes fluam para o solo. Podemos identificar a presença de águas subterrâneas medindo a resistividade do solo através de investigações de superfície.

As investigações de superfície podem ser efectuadas quer verticalmente quer lateralmente. Envolve a medição da resistividade do solo. Neste método, temos essencialmente quatro eléctrodos: dois eléctrodos de potencial e dois eléctrodos de corrente. Uma corrente tem de ser transmitida através dos dois eléctrodos de corrente. O potencial criado na superfície pela circulação desta corrente no solo é medido com eléctrodos de potencial. O aumento progressivo da distância entre os eléctrodos emissores e receptores permite aumentar a profundidade da investigação. A translação conjunta dos quatro eléctrodos permite detetar alterações laterais da resistividade, o que se designa por investigação lateral ou perfilagem.

A resistividade medida no solo é predominantemente controlada pela quantidade de humidade e água no solo e na rocha e pela concentração de sólidos dissolvidos nessa água. O fluxo real de corrente é altamente influenciado pelas camadas condutoras, sendo o valor medido conhecido como "resistividade aparente". Representa um valor médio de resistividade de todos os diferentes materiais dentro do volume de materiais que está a ser medido. A maioria dos medidores de resistividade modernos calcula a resistividade aparente assim que os parâmetros geométricos são fornecidos como entrada.

Placa 1. Jardim de coqueiros.

3.2 Descrição geral

A Universidade Agrícola de Kerala (UAE) é o principal instrumento do Estado de Kerala para fornecer os recursos humanos, as competências e a tecnologia necessárias para o desenvolvimento sustentável da sua agricultura, definida em termos gerais como englobando todas as actividades de produção baseadas na terra e na água, incluindo a produção vegetal (agricultura) e a silvicultura, através da condução, da interface e da integração do ensino, da investigação e da extensão nestas esferas do esforço económico. Está situado quase no centro do Estado, em Vellanikkara, no distrito de Thrissur, a uma latitude de 10^0 32' N 76^0 1 6' E e 22,5 m acima do nível do mar. A Faculdade de Horticultura é uma faculdade constituinte da Universidade Agrícola de Kerala, situada em Thrissur, no estado de Kerala, na Índia. A Faculdade de Horticultura ministra ensino agrícola a nível de licenciatura, pós-graduação e doutoramento. A faculdade está situada no pitoresco campus central. Os objectivos do estudo consistiam em familiarizar-se com o procedimento de investigação hidrogeofísica do potencial das águas subterrâneas, identificar a distribuição dos aquíferos na área de estudo e delinear possíveis locais para a perfuração de poços tubulares para o abastecimento sustentável de água.

As variedades de coco de alto rendimento do departamento de culturas de plantação ocupam uma área de 15136 m^2 . A irrigação contínua das culturas não pôde ser efectuada devido à indisponibilidade de uma quantidade suficiente de água. A faixa de terra de

Vellanikkara é caracterizada pela escassez de água, mas foi possível identificar locais adequados para a construção de poços tubulares. Foi realizado um método de perfil de resistividade eléctrica para identificar potenciais locais adequados para a construção de poços tubulares.

Para começar, foram selecionados vários locais no jardim dos coqueiros para efeitos de estudo de exploração das águas subterrâneas. Foi adotado o método da resistividade eléctrica. O instrumento utilizado para o efeito foi o medidor de resistividade IGIS Signal Stacking Resistivity Meter Model SSR-MP-ATS. Trata-se de um sistema de aquisição de dados de alta qualidade com muitas caraterísticas novas.

3.2.1 Locais de estudo

A Fig.3.1 dá-nos a vista geral do jardim de coqueiros da Faculdade de Horticultura de Vellanikkara. O local 1 foi selecionado perto de um dos cantos do jardim de coqueiros. Estava a cinco metros e a 10 metros de distância de ambos os limites adjacentes. Os restantes locais foram selecionados diagonalmente em direção ao canto oposto do jardim, de modo a que o local 2 ficasse a 15 m e 30 m de distância dos respectivos limites. Da mesma forma, os restantes seis locais foram também identificados de modo a que todo o coqueiral pudesse ser corretamente investigado. O gráfico que representa a curva de declive inverso foi desenhado com o software de interpretação VES para todas as localizações.

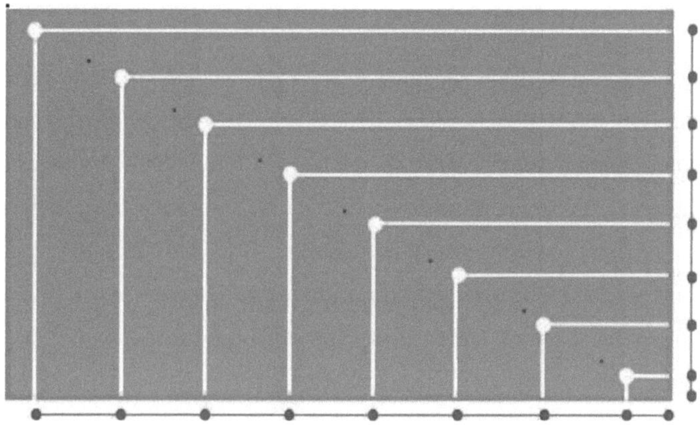

(Todas as dimensões são em metros)

Fig.3.1 Mapa do sítio

Os locais selecionados para estudo estão claramente representados no mapa acima. Os sítios selecionados foram designados da seguinte forma;

1. Localização 1
2. Localização 2
3. Localização 3
4. Localização 4
5. Localização 5
6. Localização 6
7. Localização 7
8. Localização 8

Todas as áreas selecionadas não eram facilmente acessíveis. O estudo da resistividade eléctrica foi realizado em dias de bom tempo. As chuvas podem alterar os valores da resistividade, ou seja, os valores desviar-se-ão dos valores reais. Por isso, as leituras foram efectuadas apenas em dias favoráveis.

3.3 Métodos de resistividade eléctrica

O método da resistividade eléctrica é uma das técnicas geofísicas utilizadas para investigar a natureza das formações subterrâneas. No método da resistividade eléctrica, a corrente é enviada para o solo através de um par de eléctrodos, chamados eléctrodos de corrente, e a diferença de potencial resultante através do solo é medida com a ajuda de outro par de eléctrodos, chamados eléctrodos de potencial.

A resistência aparente é o rácio entre a diferença de potencial (AV) e a corrente (I), denominada resistência aparente. Depende da disposição dos eléctrodos e da resistividade das formações do subsolo.

3.3.1 Disposição dos eléctrodos

Existem vários tipos de arranjos (configurações) de eléctrodos, dos quais os mais populares e mais utilizados são

1. Configuração Wenner

2.Configurações da Schlumberger

3.3.1.1 Configuração Wenner

Nesta configuração, os quatro eléctrodos são mantidos ao longo de uma linha a distâncias iguais, designadas por separação dos eléctrodos "a". Para cada medição, todos os eléctrodos são movidos simultaneamente, mantendo o mesmo espaçamento entre eléctrodos. A corrente é enviada normalmente através dos eléctrodos de corrente exteriores e a diferença de potencial é medida através dos eléctrodos de potencial interiores.

A resistência é multiplicada pelo fator de configuração 2 na, para obter o valor da resistividade aparente (p_{aw})

$$Pa = 2\ \pi a\ R, \text{ em que } R = \Delta V / I$$

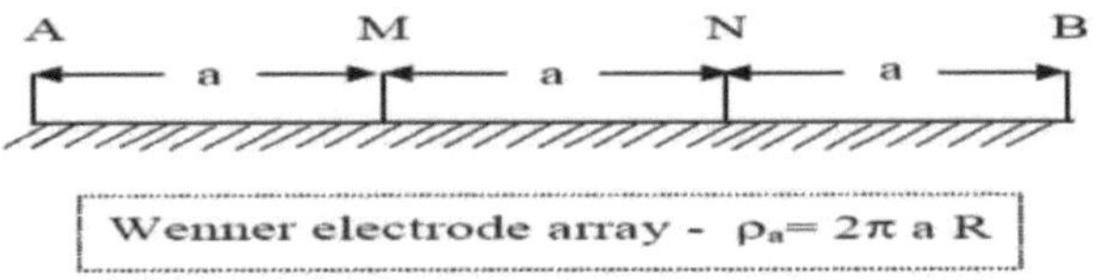

Fig.3.2 Disposição dos eléctrodos de Wenner.

3.3.1.2 Configuração da Schlumberger

Neste tipo de disposição, os eléctrodos são posicionados da mesma forma que na configuração Wenner. A única diferença é que o espaçamento dos eléctrodos exteriores é mantido grande em comparação com o espaçamento dos eléctrodos interiores, normalmente mais de 5 vezes. Para cada medição, apenas os eléctrodos de corrente são deslocados, mantendo os eléctrodos de potencial nas mesmas localizações. Os eléctrodos de potencial são movidos apenas quando o sinal se torna demasiado fraco para ser medido.

A resistividade aparente para esta configuração é calculada com a fórmula;

$$\rho_{as} = \frac{\pi \left[(AB/2)^2 - (MN/2)^2\right] R}{MN}$$

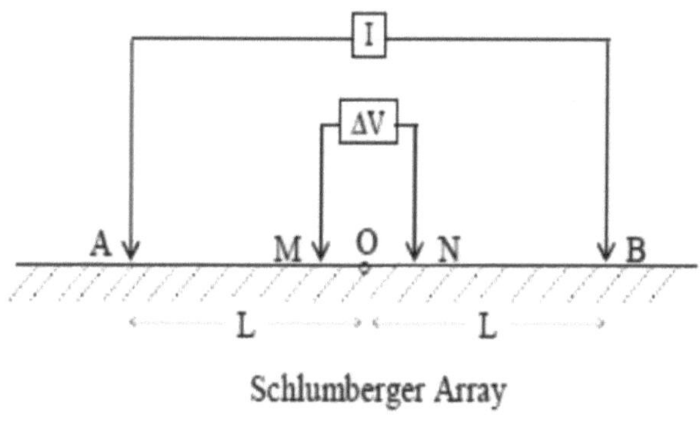

Fig.3.3 Conjunto de eléctrodos da Schlumberger

3.4 Métodos de observação da resistividade

Existem dois tipos de procedimentos para efetuar observações de resistividade. São eles;

1. Sondagem de resistividade / Sondagem eléctrica vertical (VES)
2. Perfilagem por resistividade / Perfilagem eléctrica horizontal

3.4.1 Sondagem eléctrica vertical (VES):

A sondagem eléctrica vertical é utilizada para estimar as resistividades e a espessura de várias camadas do subsolo num determinado local e é principalmente utilizada na exploração de águas subterrâneas para determinar a disposição dos aquíferos. Nesta abordagem, o centro da configuração é mantido fixo e as medições são feitas aumentando sucessivamente o espaçamento dos eléctrodos. Os valores de resistividade aparente obtidos com valores crescentes de separações de eléctrodos são utilizados para estimar as espessuras e resistividades do formato subsuperficial.

3.4.2 Perfilamento elétrico horizontal

O perfil de resistividade é utilizado para determinar as variações laterais na resistividade, estabelecendo assim a existência de corpos verticais como diques, zonas de fratura, contactos geológicos, etc.

3.5 Aquisição e processamento de dados convencionais

A análise da espessura e da resistividade das camadas subsuperficiais é efectuada através de um gráfico em escala logarítmica dupla.

1. No caso da configuração de Wenner, é feito um gráfico entre a resistividade aparente e o espaçamento entre eléctrodos (a).
2. Na configuração Schlumberger, a resistividade aparente é representada em relação a metade do espaçamento entre eléctrodos de corrente (AB/2).

A densidade de dados situa-se entre 6-8 registos por ciclo de separação dos eléctrodos. Mesmo que a densidade de dados seja superior a esse valor, não traria qualquer vantagem adicional devido ao traçado logarítmico.

A curva de campo é primeiramente comparada com as curvas teóricas para a obtenção de um modelo preliminar e este modelo é modificado e refinado com programas de inversão computacional, incorporando as informações geológicas da área.

3.6 Desvantagens da VES

A técnica de sondagem por resistividade tem as seguintes desvantagens inerentes:

1. O poder de resolução deste método é fraco e é particularmente verdadeiro para fronteiras mais profundas.
2. Devido ao princípio da supressão, uma camada intermédia com resistividade intermédia entre os leitos envolventes não terá praticamente qualquer influência na curva de resistividade, desde que a sua espessura seja pequena em comparação com a sua profundidade. Assim, as camadas com pequena espessura não podem ser reconhecidas.

3. Devido ao princípio da equivalência, a camada condutora ensanduichada entre duas camadas de resistividades mais elevadas terá a mesma influência na curva, desde que a relação entre a sua espessura e a resistividade (h/p) permaneça a mesma e, de forma semelhante
4. Uma camada resistiva ensanduichada entre duas camadas condutoras terá a mesma influência na curva que o produto da sua resistividade e espessura. Assim, as espessuras e resistividades de camadas ensanduichadas de pequena espessura não podem ser determinadas de forma única

3.7 Método do declive inverso

Uma abordagem inovadora para interpretar os dados de sondagem eléctrica vertical com a configuração de Wenner foi sugerida por Chary (1967). De acordo com esta abordagem, o inverso da resistência medida (1/R) é representado num gráfico linear em função da separação dos eléctrodos de Wenner "a". Os pontos de dados são traçados e estes pontos alinham-se em segmentos de reta discretos. Os segmentos são depois unidos por linhas rectas. Cada segmento de reta representa uma camada e as intersecções dos segmentos de reta correspondem às profundidades das camadas específicas. As resistividades das camadas são obtidas pelo declive inverso do segmento de reta específico multiplicado por '2π'.

Um exemplo esquemático do método Inverse Slope de interpretação de dados de sondagem de resistividade é dado abaixo:

Declive do segmento de reta = $\Delta y / \Delta x = (1/R) / a$

Declive Inverso = $a / (1/R) = a * R$

Resistividade da camada = "2π" * (declive inverso) = $2\pi * (a * R) = 2\pi a R$

Uma pequena melhoria consiste em traçar (a/p_a) no eixo Y em vez de (1 / R). Assim, o declive inverso fornece diretamente a resistividade da camada (não é necessário multiplicar o declive inverso por '2π').

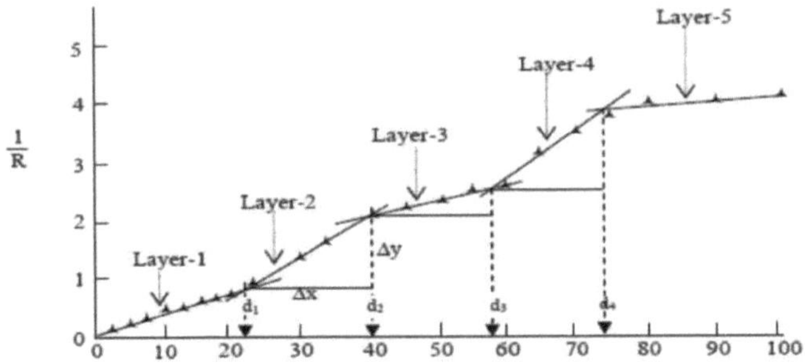

Fig.3.4 Método do declive inverso

O método Inverse Slope foi proposto para a interpretação de dados de sondagem Wenner, de facto. No entanto, este método também pode ser utilizado para os dados da Schlumberger com pequenas modificações. O procedimento de interpretação para ambas as sondagens é descrito na Tabela 3.

Tabela 3. Procedimento de interpretação das sondagens de Wenner e Schlumberger.

Step	Wenner sounding	Schlumberger sounding
1	Calculate ($1/2\pi R$) or (a/ρ_a) depending upon which value is available for each observation.	Calculate the value ($(AB/2)/\rho_a$) for each observation.
2	Plot the values ($1/2\pi R$) or (a/ρ_a) on Y-axis against the electrode separation 'a' on the X-axis on a linear graph sheet.	Plot ($(AB/2)/\rho_a$) values (on Y-axis) against 'AB/2' (on X-axis) on a linear graph.
3	Join the plotted points with best fitting lines such that a minimum of 3 points fall on each line.	Join the plotted points with best fitting straight lines such that a minimum of 3 points fall on each line.
4	All the points are generally covered by straight-line segments each of which represents one subsurface geo-electric layer.	Some points may not be covered by any line segment due to shift in potential electrodes. Each segment represents one subsurface geo-electric layer.
5	Take any point on a segment. Read its coordinates—X coordinate represents value of 'a' and Y coordinate represents ($1/2\pi R$) or (a/ρ_a) depending upon which value was used.	Take any point on a segment. Read its coordinates—X coordinate represents value of 'AB/2' and Y coordinate represents ($(AB/2)/\rho_a$).
6	Calculate the Inverse Slope of each line segment. Y-coordinate value divided by X-coordinate value. This value directly gives the true	Calculate the Inverse Slope of each line segment. Y-coordinate value divided by X-coordinate value. This value directly gives the true resistivity of the

	resistivity of the subsurface layer represented by the line segment.	subsurface layer represented by the line segment.
7	Read the X-coordinate values of all the intersection points of the line segments. These values represent the depths to the interfaces.	Read the X-coordinate values of all the intersection points of the line segments (t1, t2, t3...etc.). Multiply each't' value with (2/3). These multiplied values (t1 x 2/3, t2 x 2/3, t3 x 2/3 etc.) represent the depth to the interfaces 1, 2, 3 resp.

Dois aspectos importantes a ter em conta são os seguintes

1. A detetabilidade de camadas finas em níveis mais profundos depende da densidade dos dados. Quanto maior for a densidade dos dados, maior será a detetabilidade.

2. Quanto maior for a resolução do medidor de resistividade, melhor será a possibilidade de detetar camadas finas em profundidade.

3.8 Varrimento de resistividade

3.8.1 Introdução

A exploração dos recursos hídricos subterrâneos em terrenos de rocha dura é uma tarefa difícil, uma vez que a espessura das zonas de fratura que contêm água é muito pequena e a sua extensão não é uniforme. É bastante comum em terrenos de rocha dura que dois poços localizados a poucos metros de distância um do outro dêem rendimentos diferentes, por vezes um está totalmente seco enquanto o outro tem um bom rendimento. As pequenas fracturas, que fornecem a maior parte da água aos poços em rochas duras, não são detectáveis por levantamentos convencionais de resistividade eléctrica devido a limitações inerentes. Uma técnica especial designada por 'Resistivity Scanning' consegue delinear com sucesso a geometria destas fracturas. O padrão e a distribuição das fracturas nas rochas duras são altamente complexos. A identificação de zonas de fratura através de levantamentos geológicos e geofísicos é de importância primordial para a seleção de locais de poços em terrenos de rocha dura, que cobrem 70 por cento do subcontinente indiano. As variações extremas de litologia e estrutura, associadas a zonas de produção de água altamente localizadas, dificultam a exploração geológica e geofísica em terrenos de rocha dura. As rochas duras, em geral, não possuem qualquer porosidade primária e o desenvolvimento da porosidade secundária depende, portanto, da meteorização e da fracturação, que são controladas pela topografia, litologia, estrutura e clima. Geralmente, as rochas duras possuem duas zonas distintas de produção de água - zonas de meteorização a pouca profundidade e zonas de fracturação a níveis mais profundos. A extensão da meteorização e da fracturação, bem como a natureza dos produtos da meteorização, determinam em conjunto a disponibilidade de água subterrânea. A profundidade da meteorização na maioria das rochas está confinada a 10 a 15 m, formando aquíferos pouco profundos. Os poços perfurados em zonas meteorológicas são, em geral, considerados fracassos com rendimentos escassos devido à baixa permeabilidade das zonas meteorológicas. Por conseguinte, os poços abertos são estruturas populares nestas zonas, que fornecem armazenamento para a água subterrânea de percolação lenta. As rochas fracturadas produzem melhores quantidades de água para os poços. As fracturas são formadas durante o arrefecimento de rochas ígneas e metamórficas, e também devido a perturbações tectónicas como dobras e falhas. As rochas ígneas e metamórficas são caracterizadas por fracturas quase verticais ou de ângulo elevado.

3.8.2 Técnica de varrimento por resistividade

As técnicas normais de resistividade têm certas limitações na deteção de pequenas fracturas, que produzem a maior parte da água em rochas duras. O problema será agravado se as fracturas estiverem localizadas a profundidades maiores. As sondagens de resistividade são investigações em pontos discretos e, por conseguinte, não podem identificar quaisquer zonas de fratura a alguns metros de distância. Mesmo que uma sondagem seja realizada exatamente sobre a fratura, a sua identificação é praticamente impossível devido à fraca capacidade de interpretação das técnicas convencionais de interpretação através da correspondência e inversão de curvas, devido aos esquemas logarítmicos de recolha e plotagem de dados. Medições espaçadas com eléctrodos mais largos para identificar zonas de fratura finas e profundas não reflectirão quaisquer alterações nas curvas de sondagem, quando representadas numa escala logarítmica dupla.

As técnicas de perfilagem por resistividade, apesar de identificarem a lateral da subsuperfície em homogeneidades, não são passíveis de interpretação quantitativa. Para ultrapassar as dificuldades acima referidas, Ramanuja Chary, do IGIS, desenvolveu uma nova técnica denominada "Resistivity Scanning" com esquemas modificados de recolha e análise de dados, utilizando o conceito de "Strip Resistivity". A sua aplicação em diferentes terrenos geológicos da Índia para a identificação de zonas de fratura é considerada muito bem sucedida.

3.8.3 Conceito de resistividade da tira

A média ponderada da resistividade verdadeira (resistividade da faixa) de uma fatia da formação, que ocorre entre duas profundidades, é calculada através desta técnica. A resistividade da faixa pode ser inferida da mesma forma que a resistividade verdadeira. As medições devem ser feitas para duas separações de eléctrodos - uma que forneça a informação para a parte superior do alvo e a outra para a parte inferior da camada alvo. A profundidade da investigação depende principalmente da separação atual dos eléctrodos.

Consideremos as medições de resistividade no mesmo ponto com duas separações de eléctrodos diferentes, mostradas na fig.3.5.

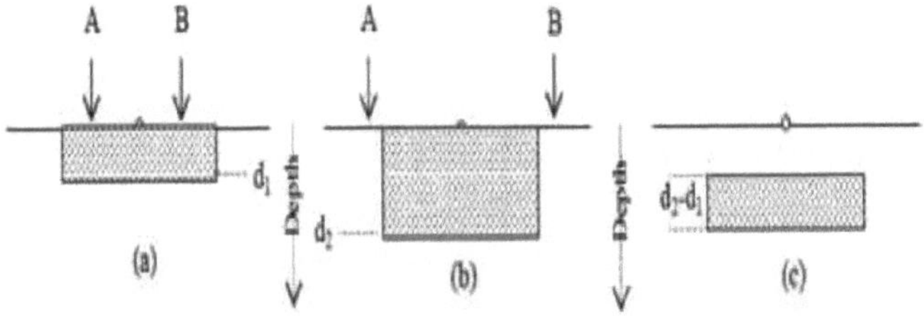

Fig.3.5 Relação entre a separação dos eléctrodos e a profundidade.

Na fig. 3.5, a separação dos eléctrodos de corrente é pequena e, consequentemente, a profundidade de investigação (d1) também é pequena. Para AB maiores, a profundidade de investigação (d2) é maior,

Uma vez que a corrente flui mais profundamente e mais material do subsolo fica sob a investigação. A fatia adicional da subsuperfície contribui para a segunda medição da resistividade. Com a ajuda destas duas resistividades aparentes e das separações dos eléctrodos de corrente, é possível chegar à resistividade verdadeira da faixa do subsolo entre os intervalos de profundidade (d2-d1).

A técnica de varrimento da resistividade é desenvolvida combinando os princípios das técnicas de perfilagem e de sondagem e concebida com base na técnica de perfilagem AB da Schlumberger (Fig. 3.6). Nesta técnica, uma porção da subsuperfície ao longo de um comprimento é digitalizada para estudar a variação da resistividade nas profundidades requeridas.

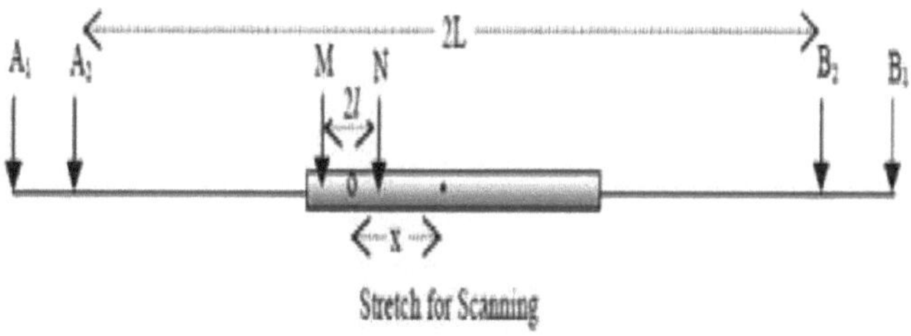

Fig.3.6 Esticar para digitalização

A resistividade aparente para cada espaçamento entre eléctrodos é calculada com a fórmula;

$$\rho_a = \frac{\pi (L^2 - x^2)^2 R}{2l(L^2 + x^2)}$$

Onde ,

L é metade da separação do elétrodo de corrente,

l é metade da distância potencial entre eléctrodos

X é a distância entre O e o'

A resistividade da faixa (Rst) da formação entre estas profundidades correspondentes ao espaçamento do elétrodo de corrente é calculada com a fórmula

$$Rst= \mathbf{(L2 - L1)}/\{ (L2/ra2) - (L1/ra1)\}$$

Onde ,

L1 é metade da distância entre eléctrodos da primeira corrente

L2 é metade da distância entre eléctrodos da segunda corrente

ra1 é a resistividade aparente para L1

ra2 é a resistividade aparente para L2

Os valores de resistividade da tira assim obtidos são marcados nos centros dos eléctrodos de potencial e a profundidades correspondentes a um terço do espaçamento entre eléctrodos de corrente. Os valores da resistividade da faixa para diferentes profundidades podem ser obtidos aumentando o espaçamento entre os eléctrodos de corrente e calculando a resistividade da faixa para espaçamentos consecutivos entre eléctrodos. A configuração dos eléctrodos para o levantamento por varrimento é mostrada na fig.3.7.

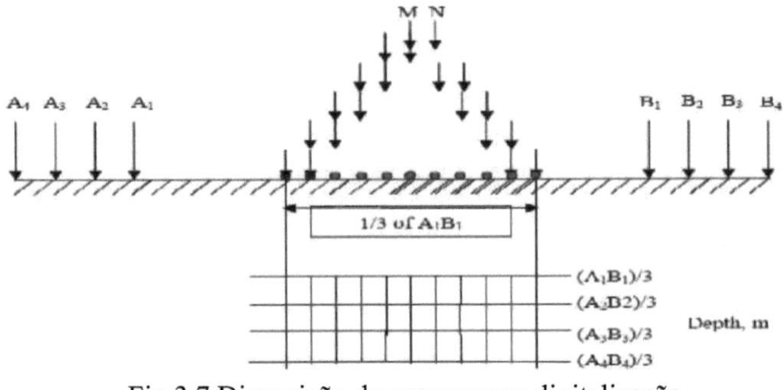

Fig.3.7 Disposição do campo para digitalização.

Este consiste num certo número de pares de posições dos eléctrodos de corrente A1B1, A2B2, A3B3 e A4B4etc. Dependendo dos requisitos de profundidade da investigação. Além disso, a porção média de um terço do primeiro elétrodo espalhado, ou seja, A1B1, é considerada para digitalização e é subdividida em 5 a 10 partes iguais, chamadas estações, com pontos P1, P2, P3, P4, P5, P6, etc. Inicialmente, P1 e P2 são considerados como a posição do elétrodo potencial, ou seja, a estação 1 e as medições de resistência são feitas para diferentes espaçamentos entre eléctrodos de corrente A1B1, A2B2, A3B3, A4B4 e A5B5, etc. Os valores da resistividade da tira são calculados de acordo com as fórmulas acima e traçados abaixo do ponto médio (o') de P1P2 a uma profundidade correspondente a um terço do espaçamento dos eléctrodos. Depois de completar a medição para todos os pares de eléctrodos actuais, as posições potenciais são alteradas para P2 e P3, ou seja, para a segunda estação. O procedimento prossegue assim até ao último par de eléctrodos de potencial. Os resultados assim obtidos representam o varrimento do subsolo. O comprimento máximo de varrimento num levantamento de varrimento é a profundidade mínima de investigação. Por exemplo, se for necessária informação de varrimento a uma profundidade de 20 m, o comprimento máximo de varrimento na superfície do solo é de 20 m. Devido ao pequeno espaçamento dos eléctrodos de potencial em relação ao grande espaçamento dos eléctrodos de corrente, é necessário injetar correntes mais elevadas no solo para gerar potenciais mensuráveis. Uma vez que os intervalos de amostragem são muito pequenos, é necessário um medidor de resistividade de alta resolução para registar estas pequenas variações de resistências.

3.9 Perfil elétrico

Na perfilagem eléctrica, a separação dos eléctrodos é mantida constante e todo o conjunto de eléctrodos é movido como um todo, com o centro da configuração a ocupar pontos sucessivos ao longo de uma travessia na mesma direção de dispersão dos eléctrodos. Este processo é designado por perfilagem em linha.

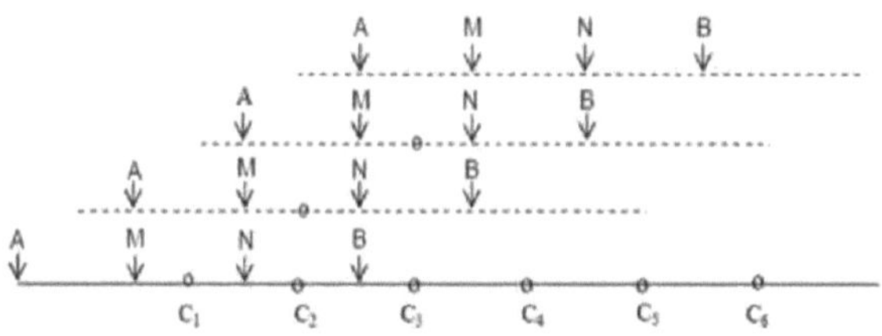

Fig.3.8 Perfilamento em linha.

A outra abordagem consiste em mover toda a configuração dos eléctrodos na direção perpendicular ao alinhamento do conjunto de eléctrodos. É o que se designa por perfilagem do lado largo (Fig. 3.9).

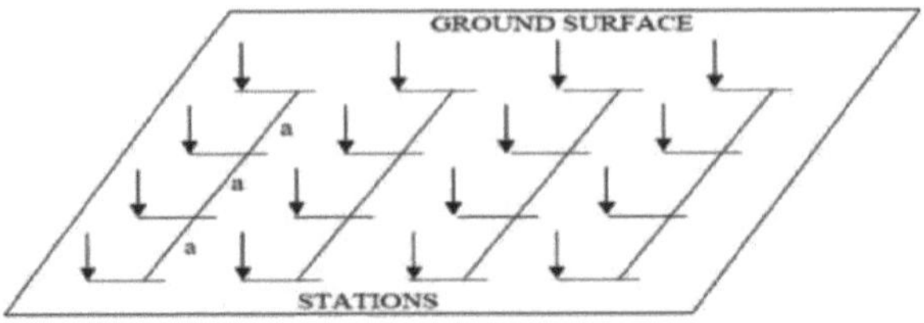

Fig.3.9 Perfil do lado largo.

Nos levantamentos de perfis, o valor da resistividade aparente é traçado geralmente no centro do conjunto de eléctrodos. Esta técnica é utilizada para examinar uma fatia da subsuperfície paralela à superfície do solo, sendo a espessura da fatia uma função da separação dos eléctrodos. As anomalias máximas de resistividade aparente são obtidas orientando os perfis perpendicularmente à estrutura geológica.

Os dados da perfilagem eléctrica podem ser apresentados como mapas de contorno de resistividade aparente se as medições forem efectuadas ao longo de vários percursos paralelos. Na perfilagem eléctrica, é aconselhável efetuar medições pelo menos com duas separações de eléctrodos para distinguir os efeitos das estruturas geológicas pouco profundas dos efeitos das estruturas mais profundas As configurações de Wenner e Schlumberger são geralmente utilizadas para a perfilagem. Em casos especiais, são também utilizadas outras configurações.

O valor da resistividade aparente é traçado geralmente no centro do conjunto de eléctrodos. Esta técnica é utilizada para examinar uma fatia da subsuperfície paralela à superfície do terreno, sendo a espessura da fatia uma função da separação dos eléctrodos. As anomalias máximas de resistividade aparente são obtidas orientando os perfis perpendicularmente à estrutura geológica. A técnica de perfilagem é geralmente utilizada para estudar as variações laterais da resistividade para delinear estruturas verticais como diques, falhas, contactos geológicos, corpos de extensão limitada como canais enterrados, fracturas, sumidouros, etc.

O Medidor de Resistividade por Empilhamento de Sinal IGIS Modelo SSR-MP-ATS é um sistema de aquisição de dados de alta qualidade que incorpora várias caraterísticas inovadoras. Na presença de ruídos de terra aleatórios (não coerentes), a relação sinal/ruído pode ser melhorada por ON, em que N é o número de leituras empilhadas. O SSR-MP-ATS é um medidor de resistividade por empilhamento de sinal baseado em microprocessador, no qual são apresentadas as médias das medições [1, (1+2)/2, (1+2+3)/3,(1+2+....+16)/16] até aos empilhamentos escolhidos e a média final é armazenada automaticamente na memória, utilizando o princípio do empilhamento para obter a vantagem de uma elevada relação sinal/ruído. Assim, o SSRMP-ATS pode ser utilizado para investigações de resistividade até cerca de 600 m de profundidade ou mais em condições geológicas favoráveis. O SSR-MP-ATS é operado através de um menu de fácil utilização.

A caraterística especial do SSR-MP-ATS é o facto de poder armazenar os dados até 20.000 medições (ou dados de cerca de 100 sondagens) na sua memória FLASH. Tem a possibilidade de transferir todos os dados (ou qualquer dado em particular) diretamente para o computador através da porta USB para análise posterior. Os dados também podem ser visualizados através de um ecrã LCD alfanumérico (20 x 4). O SSR-MP-ATS mede DV e corrente (I). Calcula a resistência (R = DV / I), a resistividade aparente ra e a resistividade da tira. Tem uma resolução de 10-5 ohms.

3.10 Aplicações

1. Exploração de águas subterrâneas.
2. Investigações de leito rochoso.
3. Delineação de estruturas geológicas.
4. Identificação de depósitos de areia e cascalho.
5. Investigações minerais.
6. Formação Geofísica de Campo.

3.11 Especificações

1. Definições actuais: Não existe definição de corrente. A entrada de corrente depende da resistência de contacto nos eléctrodos de corrente. A corrente máxima pode ir até 2A.
2. Definições de tensão: 100 - 300 V Mudanças automáticas consoante o nível de sinal potencial.
3. Frequência : Superior a 0,3 Hz Onda quadrada
4. Fonte de alimentação: 2 X bateria recarregável de 12V.
5. Impedância de entrada: 1 Mega Ohm.

6. Gama de resistência: 0,00001-19,99 K Ohms.
7. Seleção de gama: Automática.
8. Resolução: ± 1 por cento
9. Cálculo da média de dados: Ciclos de empilhamento selecionáveis até 16.
10. Interação com o sistema: Operação amigável do menu com teclado tátil de penas 6x5 e ecrã alfanumérico de cristais líquidos 20x4.
11. Visualização: Corrente em mA durante a medição e visualização final da Resistência média, Resistividade aparente e Resistividade da tira.
12. Memória: Dados de cerca de 100 sondagens (~ 20.000 leituras)
13. Output: Código da sondagem, data e hora [a hora é (dados armazenados) automaticamente a partir do relógio incorporado], espaçamento dos eléctrodos (AB/2, MN/2), resistividade aparente e resistividade da tira através do visor alfanumérico de cristais líquidos 20x4.
14. Transferência de dados: Os dados podem ser transferidos diretamente para um PC compatível com IBM através da porta USB para posterior análise e interpretação.
15. Sinais de erro para: Descontinuidade nas linhas de corrente e sinais baixos.
16. Proteção: Protegido contra sobrecargas de circuito.

Controls:

1	P_1 & P_2	Terminals for connecting potential electrodes
2	C_1 & C_2	Terminals for connecting current electrodes
3	DISPLAY	Alpha numeric display to show the menu and measured values
4	TO-BATT	3-Pin Connector to connect the battery unit
5	ON-OFF	To switch ON and switch OFF power
6	FUSE	Fuses for protection of Input & Output circuits
7	KEY PAD	Key pad to interact with the system and to input data like Electrode spacings, no. of stack etc.
8	TO-PC	Connector to interface the computer
9	RESET	To switch ON the measuring unit from stand-by mode
10	BATTERY BOX	Compartment with 2 X 12 7 AH batteries
11	SOCKET	To enable connection between the batteries and the measuring unit

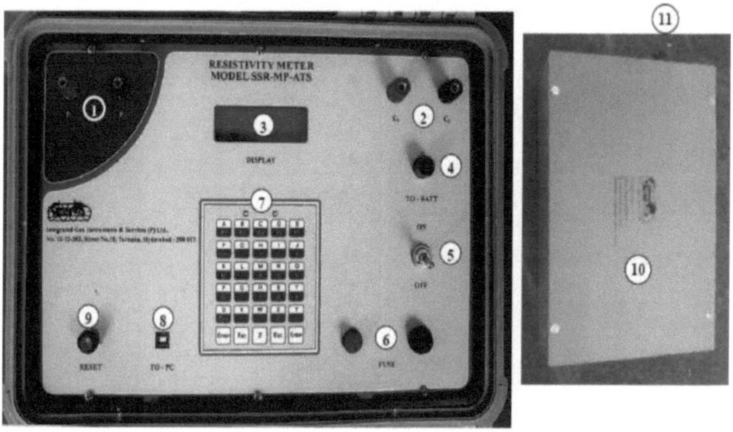

Fig.3.10 Medidor de resistividade eléctrica.

Placa 2. Guincho

Placa 3. Eléctrodos

Placa 4. Caixa da bateria

3.11.1 Terminais

P1 e C1 são de cor vermelha e P2 e C2 são de cor preta. C1 e C2 são terminais para a ligação dos eléctrodos de corrente, através dos quais a corrente é injectada na terra. P1 e P2 são terminais para a ligação de eléctrodos de potencial através dos quais é medido o potencial criado pela injeção de corrente através das sondas de corrente. Não existe regulação da corrente. A entrada de corrente depende da resistência de contacto nos eléctrodos de corrente. A corrente máxima pode ir até 2A e podem ser efectuadas definições de tensão de 100-300V.

3.11.2 Interruptor On-Off

Com este interrutor, a alimentação da bateria principal do instrumento é desligada. Este é utilizado para ligar e desligar a alimentação. A impedância de entrada é de 1 Mega Ohm e a gama de resistência que pode medir é de 0,00001-19,99 K Ohms. O dispositivo inclui ciclos de empilhamento selecionáveis até 16 para cálculo da média dos dados.

3.11.3 Ecrã

Trata-se de um visor alfanumérico de cristais líquidos que apresenta o menu e os valores medidos. Com a ajuda deste ecrã, é fácil operar o instrumento. É apresentado o número da pilha/pilha selecionada, a corrente em mA, a resistência média durante a medição e a visualização final da resistência média, da resistividade aparente e da resistividade da tira.

3.11.4 Para-bateria

Este é um conetor de 3 pinos para ligar a unidade de bateria. Esta ficará ligada durante todo o funcionamento do instrumento principal.

3.11.5 Fusível

A função do fusível é proteger os circuitos de entrada e saída do dispositivo contra cargas de circuito.

3.11.6 Teclado

Dispõe de um menu de fácil utilização com um teclado tátil de 6x5. O teclado destina-se a interagir com o sistema e a introduzir dados como o espaçamento dos eléctrodos, o número de pilhas, etc.

3.11.7 Para-PC

Este é um conetor para fazer a interface com o computador. O computador descarrega as medições do medidor de resistividade ligando o conetor ao computador. O dispositivo pode armazenar os dados de cerca de 100 sondagens (~ 20.000 leituras). Os dados podem ser transferidos diretamente para um PC compatível com IBM através da porta USB para posterior análise e interpretação.

3.11.8 Reiniciar

Esta tecla é utilizada para ligar a unidade de medição a partir do modo de espera. Após cada leitura, o instrumento é reiniciado para efetuar outra leitura. Existem sinais de erro para descontinuidade nas linhas de corrente e sinais baixos.

3.11.9 Caixa da bateria

Este é um compartimento com 2x12 baterias de 7 AH. Esta bateria fornece carga ao instrumento principal enquanto efectua as medições.

3.11.10 Tomada

Isto serve para permitir a ligação entre as pilhas e a unidade de medição.

3.11.11 Guinchos

Há quatro guinchos. Cada guincho tem um fio enrolado numa extremidade de cor diferente. A extremidade aberta dos fios tem um pino ligado a ele que, por sua vez, deve ser ligado às respectivas sondas. A outra extremidade dos fios é ligada à tomada banana situada no lado oposto da pega do guincho. Nesta extremidade são ligados os fios correspondentes dos terminais do instrumento.

3.11.12 Sondas

Existem quatro sondas de aço inoxidável com as dimensões adequadas, que são fornecidas juntamente com o aparelho. Cada sonda tem uma extremidade pontiaguda. Isto facilita o martelar da sonda no solo. As sondas são marteladas no solo de tal forma que o contacto elétrico firme é estabelecido. A estes eléctrodos são ligadas as extremidades dos fios correspondentes.

3.12 Metodologia

3.12.1 Configuração do instrumento

O levantamento da resistividade eléctrica foi primeiro realizado no "solo 1". As medições foram efectuadas numa linha reta de cerca de 100 metros. Em primeiro lugar, esta linha reta foi decidida no local e o centro do local foi marcado e denominado "O". Neste ponto, o dispositivo foi colocado e os pontos em que os eléctrodos devem ser colocados foram marcados com base no espaçamento dos eléctrodos, que varia entre dois metros para a primeira leitura e aumenta gradualmente dois metros para as leituras seguintes. Os dois eléctrodos, ou seja, os eléctrodos de potencial, foram martelados nos pontos marcados "M" e "N", que se encontram a um metro de distância do ponto central "O", de modo a que a separação dos eléctrodos seja de dois metros. Os outros dois eléctrodos, ou seja, os eléctrodos de corrente, foram martelados nos pontos correspondentes que se encontram a dois metros dos eléctrodos de potencial "A" e "B", ou seja, a três metros do ponto central "O". Os eléctrodos de potencial foram ligados aos terminais de potencial e os eléctrodos de corrente foram ligados aos terminais de corrente no dispositivo com a ajuda de cabos de interligação e guinchos. Estes guinchos podem ser estendidos até aos respectivos eléctrodos. O dispositivo foi ligado à unidade de bateria através de um conetor de três pinos.

3.12.2 Medição da resistividade

As ligações efectuadas foram verificadas quanto a possíveis falhas. O medidor de resistividade modelo SSR- MP- ATS foi ligado e o botão de reset foi premido.

Obtemos a visualização da seguinte forma:

I.G.I.S [P] Ltd. RESISTIVITY METER MODEL SSR-MP-ATS

E o ecrã passa para as seguintes funções principais

F1: SET FUNCTIONS

F2: MEASUREMENT F3: MEMORY OUT F4: DIRECT R VALUE

Das opções apresentadas, foi selecionada a opção F1 para introduzir os detalhes da Localização.

O ecrã muda para

F1: VES F2: SET TIME F3: CLEAR MEMORY

Novamente F1 foi selecionado. Quando o seguinte ecrã é mostrado, o nome da Localização foi digitado e o botão ENT foi premido. O ecrã mostra;

VES NUMBER: 001.......
PRESS ENT. TO CONT.

O número VES é apresentado como 001 por defeito quando o instrumento é utilizado pela primeira vez ou quando a memória é apagada. O número do VES é automaticamente incrementado para os VESs subsequentes.

O botão ENT foi premido e o ecrã mostra:

ENTER AB/2 IN METERS
NNN.N:

Metade da distância entre os eléctrodos de corrente foi introduzida como AB/2 e o botão ENT foi premido. Para a primeira leitura, AB/2 foi considerado como três metros.

ENTER MN/2 IN METERS
NNN.N:

Quando o visor acima apareceu, foi introduzido MN/2, ou seja, metade da distância entre os eléctrodos de potencial (um metro para a primeira leitura). Ao premir o botão ENT, era necessário introduzir o número de pilhas para a medição.

NO. OF STACKS
NN:

O número de pilhas pode ir até um máximo de 16, pelo que selecionámos quatro e premimos a tecla ENT. Para confirmar todos os valores introduzidos, era necessário introduzir "Y" para sim ou "N" para não, quando aparecia o seguinte ecrã

CONFIRM Y/N

Quando se prime a tecla ENT ou Y, o instrumento passa para o modo "measurement on" (medição ligada). Se se introduzir incorretamente os três parâmetros AB/2, MN/2 ou o número de pilhas, deve premir-se "N" para que o instrumento volte ao nível de entrada AB/2. Introduzir os parâmetros corretos e confirmar a correção premindo "Y".

Em seguida, o ecrã mostra

MEASUREMENT ON

O ecrã muda para

¼ I = 100.32 Ma
R = 12.32324 Ohms

A primeira linha do ecrã acima indica a corrente que flui para a terra durante a primeira pilha (1/4) das 4 pilhas definidas. A segunda linha indica a resistência em ohms. Este ecrã é apresentado para as pilhas seguintes (2/4, 3/4 e 4/4) até ao conjunto máximo de pilhas e cada valor R é a média do valor R anterior e do valor R atual. E depois de completar todas as pilhas, o instrumento mostra finalmente R para resistência, RHOa para resistividade, d para profundidade de sondagem e STRIP para resistividade da tira. A profundidade aqui referida é igual a AB/3.

R = 12.32324
RHOa =
DEPTH =
STRIP =

Aqui, se o registo for satisfatório, o botão ENT foi premido para guardar os valores na memória para processamento posterior. Ou então, premiu-se ESC quando o instrumento se desligou automaticamente. O mesmo procedimento foi seguido para várias configurações de eléctrodos com espaçamento entre eléctrodos de 4m, 6m, 8m, etc.

Todos os dados foram transferidos para o PC ligando o instrumento ao computador através do cabo USB. Para transferir os dados completos, é utilizada a função de transferência total de dados e, se apenas for necessário transferir dados selecionados, pode ser utilizada a opção alternativa denominada transferência selectiva de dados.

Os dados podem ser visualizados no LCD do instrumento ou podem também ser transferidos para um PC instalado com o software Inverse Slope (AT 3.0) para interpretação do VES. Os dados transferidos para o computador são depois estudados e interpretados utilizando o software de interpretação VES. Os vários tipos de formações litológicas podem ser identificados com base nas leituras obtidas. Estes resultados são discutidos em pormenor no capítulo seguinte.

Placa 5. Instalação do instrumento.

IV. RESULTADOS E DEBATES

O presente projeto foi realizado com os seguintes objectivos

1. Realizar uma investigação hidrogeofísica do potencial das águas subterrâneas no jardim de coqueiros da Faculdade de Horticultura, Vellanikkara.
2. Para obter a distribuição dos aquíferos na área de estudo.
3. Delinear possíveis locais para a perfuração de poços tubulares para abastecimento de água para irrigação.

4.1 Investigação hidro-geofísica das águas subterrâneas

As observações geofísicas foram efectuadas em 8 locais espalhados pelo terreno. Como o campus é maioritariamente de terreno laterítico, as hipóteses de ocorrência de uma superfície de água freática são mínimas. No entanto, alguns pontos podem ser localizados onde existe a possibilidade de ocorrência de água subterrânea e a viabilidade de escavação de poços. Foi realizada uma sondagem eléctrica vertical utilizando o medidor SSR-MP-ATS. As curvas de declive inverso foram traçadas utilizando o software de interpretação VES. Foram distinguidos diferentes tipos de formações a partir da curva.

4.2 Distribuição dos aquíferos

Foram feitas sondagens eléctricas verticais em vários locais da parcela. Os locais onde foram efectuadas as investigações são apresentados nas figuras seguintes, juntamente com as respectivas localizações geográficas.

As sondagens foram feitas no local 1 e as secções geoeléctricas inferidas e os detalhes das camadas do ponto são apresentados na curva de declive inverso mostrada na fig.4.1. Foram feitas sondagens eléctricas a uma profundidade de 90 metros e verificou-se a presença de uma formação com oito camadas. O valor da resistividade para a primeira camada de 10 metros de espessura foi de 442 ohm-m. A camada abaixo desta estendia-se até uma profundidade de 33 metros com uma resistividade de 230 ohm-m. Abaixo desta camada, verificou-se a existência de uma camada de 5 metros de profundidade e de resistividade 9999 ohm-m. Abaixo desta camada, observou-se uma camada de 10 metros de profundidade e de resistividade 385 ohm-m. A camada abaixo desta estendia-se a uma profundidade de cinco metros com uma resistividade de 2586 ohm-m. A camada seguinte tinha uma resistividade de 466 ohm-m e uma espessura de cinco metros. Abaixo desta, verificou-se a existência de uma camada não significativa de resistividade de 9999 ohm-m. As camadas superiores foram identificadas como areia húmida a seca e cascalho, rocha cristalina, areia argilosa e cascalho, rocha metamórfica, areia húmida a seca e cascalho, rocha sedimentar, areia húmida a seca e cascalho, respetivamente, e a camada inferior foi identificada como formações metamórficas. A formação é fracturada e a possibilidade de disponibilidade de água existe entre as profundidades de 20 e 50 m.

A curva de declive inverso para a localização 2 é apresentada na fig.4.2. As sondagens eléctricas foram realizadas até uma profundidade de 96 metros e obteve-se uma formação de quatro camadas. O gráfico mostra formações rochosas com valores de resistividade variáveis. O valor da resistividade da formação até aos 57 m iniciais de profundidade era de 537 ohm-m. Depois, até aos 82 metros de profundidade, a resistividade foi de 742 ohm-m e a formação foi identificada como rocha cristalina. Uma formação metamórfica de resistividade 9999 ohm-m foi encontrada abaixo dela nos próximos cinco metros de profundidade. Abaixo desta, havia uma formação de rocha cristalina de resistividade 962 ohm-m até uma profundidade de seis metros. As fracturas presentes podem não ser o aquífero adequado para a extração de água subterrânea.

O terceiro VES foi efectuado e a curva de declive inverso foi obtida a partir do local 3. As sondagens eléctricas foram feitas até uma profundidade de 75 metros (Fig.4.3). A partir do gráfico, verificou-se a existência de uma formação de seis camadas. Verificou-se que as formações geológicas apresentavam uma menor variação nos seus valores de resistividade. O valor da resistividade para a camada superior de 10 metros foi de 451 ohm-m, enquanto o da camada abaixo dela, que se estende de 10 metros a 25 metros, foi de 989 ohm-m. A camada abaixo desta estendia-se até aos 60 metros, com uma resistividade de 663 ohm-m. A camada abaixo desta tinha uma espessura de cinco metros com uma resistividade de 1364 ohm-m. Os cinco metros de profundidade seguintes, de 65-70 metros, tinham uma resistividade de 528 ohm-m. A camada abaixo desta estendia-se até aos 75 metros de profundidade com uma resistividade de 257 ohm-m. Pode tratar-se de quatro camadas de rocha cristalina ensanduichadas entre as camadas superior e inferior de areia húmida a seca e cascalho. Não se pode esperar um rendimento significativo da área através da perfuração de poços tubulares.

As formações no local 4 eram basicamente rochosas, estendendo-se até uma profundidade de 75 metros com um total de quatro camadas (Fig.4.4). As formações foram consideradas cristalinas, com valores de resistividade de 530 ohm-m, 843 ohm-m, 2083 ohm-m, 740 ohm-m, respetivamente. Estas formações de rocha dura sem fracturas efectivas não podem produzir quantidades razoáveis de descarga.

No local 5, a sondagem eléctrica permitiu identificar um perfil de sete camadas com formações rochosas duras que se estendem até 60 metros de profundidade (Fig.4.5). As hipóteses de obter descargas apreciáveis eram baixas. O valor da resistividade para a primeira camada de 10 metros de espessura foi de 260 ohm-m. Abaixo desta, verificou-se a existência de uma camada de cinco metros de espessura com uma resistividade de 460 ohm-m. A camada abaixo desta estendia-se até uma profundidade de 15 metros com uma resistividade de 1291 ohm-m. Uma camada de oito metros de profundidade e resistividade 815 ohm-m existia abaixo destas formações. A camada abaixo desta estendia-se até uma profundidade de sete metros com uma resistividade de 2586 ohm-m. A camada seguinte tinha uma resistividade de 2885 ohm-m e uma espessura de sete metros que se estendia de 40m a 47m de profundidade. Abaixo desta, foi encontrada uma camada de 13 metros de profundidade e a última camada estendia-se até uma profundidade de 60 metros e tinha um valor de resistividade de 671 ohm-m. As duas camadas superiores foram identificadas como areia húmida a seca e cascalho, seguidas por três camadas de rocha cristalina. A sexta camada foi identificada como formação de rocha sedimentar e a camada inferior foi identificada como formação de rocha cristalina. As formações, sendo cristalinas, têm apenas uma hipótese mínima de fornecer um rendimento apreciável.

A Fig.4.6 mostra a curva de declive inverso para a localização 6. Verificou-se a presença de uma formação de quatro camadas na profundidade de 95 metros do perfil. O gráfico mostra formações rochosas com valores de resistividade variáveis. Os valores de resistividade da formação até à profundidade inicial de 15 m eram de 275 ohm-m e verificou-se que se tratava de areia húmida a seca e cascalho. A profundidade seguinte de 65 m tinha formação de rocha cristalina e uma formação metamórfica de resistividade 9999 ohm-m existia entre a profundidade de 80 m e 88 m. Abaixo disso, havia uma formação rochosa cristalina de resistividade 297 ohm-m que se estendia até 95 metros e foi encontrada como areia seca e cascalho. Estas formações geológicas também não produzem água para extração.

As sondagens foram efectuadas no local 7 e são mostradas na fig.4.7. As sondagens eléctricas até uma profundidade de 88 metros resultaram numa formação com oito camadas. O valor da resistividade para os primeiros dez metros foi de 206 ohm-m. Os cinco metros seguintes deram um valor de resistividade de 429 ohm-m e a camada abaixo desta estendia-se por cinco metros com uma resistividade de 815 ohm-m. Abaixo desta camada, verificou-se a existência de uma camada de 25 metros de profundidade e de resistividade 9999 ohm-m. A camada abaixo desta estendia-se até uma profundidade de cinco metros com uma resistividade de 2206 ohm-m. Na camada seguinte, verificou-se a existência de uma formação de 1242 ohm-m de resistividade e 47 metros de espessura. Abaixo desta, uma camada de oito metros de espessura que se estendia até 88 metros, tinha uma profundidade não significativa e uma resistividade de 9999 ohm-m. As camadas superiores foram identificadas como areia argilosa e cascalho, areia húmida a seca e cascalho, rocha cristalina, rocha metamórfica, rocha sedimentar, formações de rocha cristalina, respetivamente, enquanto a camada inferior foi identificada como forma metamórfica. A formação não estava muito fracturada e a probabilidade de disponibilidade de água é menor.

No local 8, a sondagem eléctrica permitiu identificar um perfil de nove camadas com formação de rocha dura que se estende até 93 metros de profundidade. As hipóteses de obter descargas apreciáveis eram muito reduzidas. O valor da resistividade para a primeira camada de 10 metros de espessura foi de 212 ohm-m. Abaixo desta camada, com uma espessura de 15 metros, a resistividade era de 513 ohm-m. A camada abaixo desta estendia-se até uma profundidade de 25 metros com uma resistividade de 1820 ohm-m. Abaixo disso, foi encontrada uma camada, que se estendia de 50 m a 55 m, de resistividade 3750 ohm-m e a camada seguinte tinha uma profundidade de 15 metros e resistividade 1220 ohm-m. A camada inferior estendia-se até uma profundidade de cinco metros com uma resistividade de 9999 ohm-m. A camada seguinte apresenta uma formação com uma resistividade de 503 ohm-m e uma espessura de cinco metros que se estende dos 75 aos 80 metros de profundidade. Abaixo desta, foi observada uma camada de oito metros de profundidade com resistividade de 9999 ohm-m. A camada mais inferior, com uma profundidade de cinco metros, estendendo-se de 88 a 93 metros, tinha uma resistividade de 2885 ohm-m. A camada superior era de areia argilosa e cascalho e as duas camadas seguintes foram identificadas como rocha cristalina. Abaixo desta camada, verificou-se a existência de rocha cristalina. A camada inferior foi identificada como rocha sedimentar. Estas formações também não podiam produzir água subterrânea em quantidades apreciáveis.

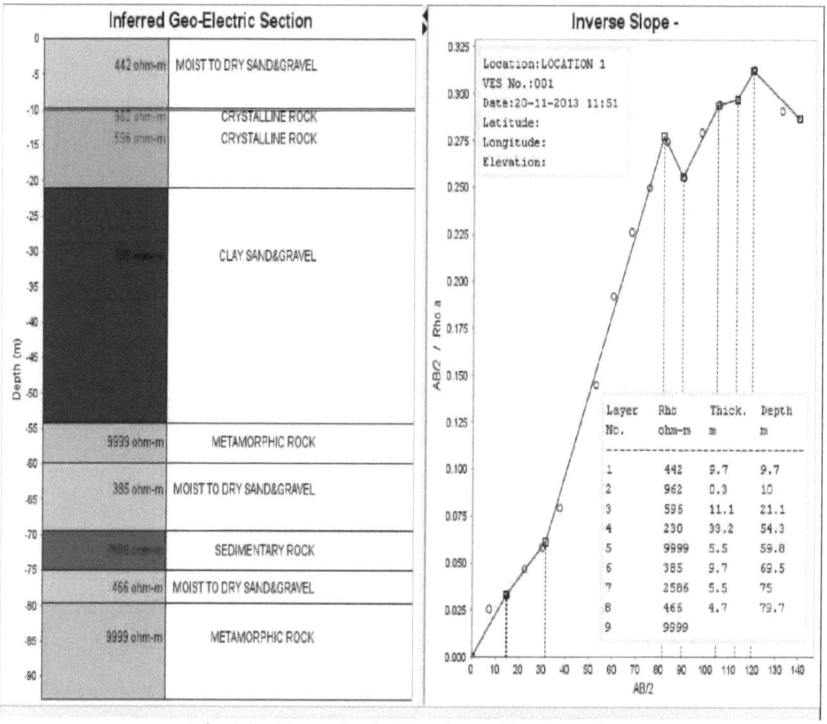

Fig.4.1: Curva de declive invertido (Localização 1).

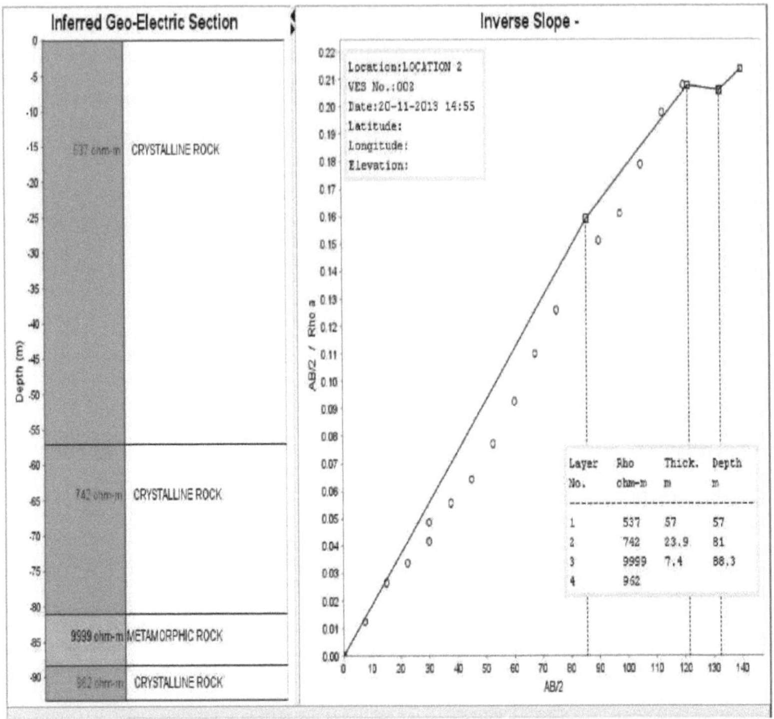

Fig.4.2 Curva de inclinação inversa (Localização 2).

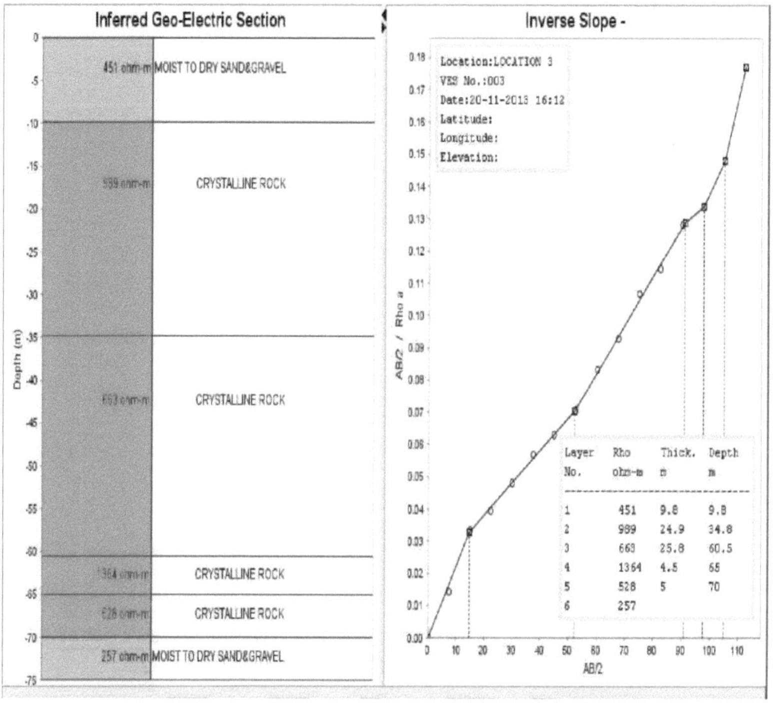

Fig.4.3 Curva de inclinação inversa (Localização 3).

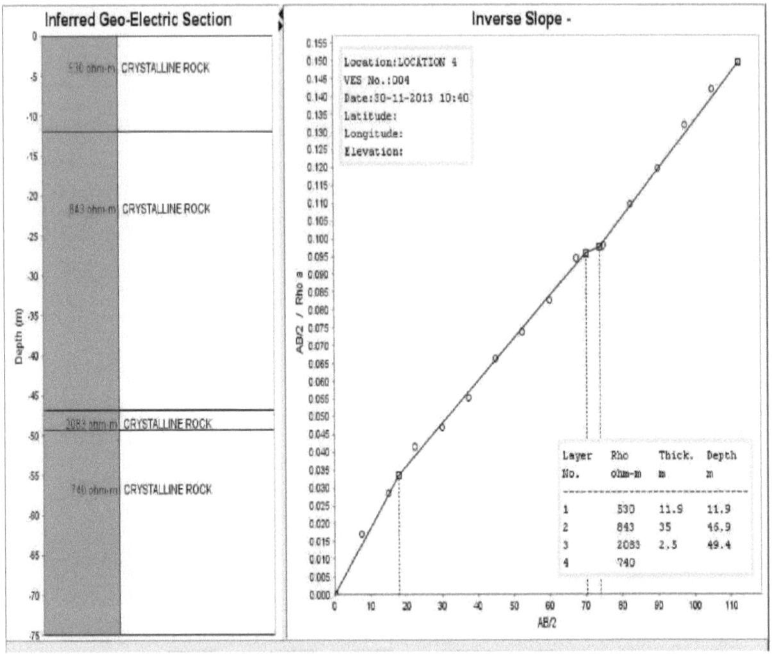

Fig.4.4 Curva de declive invertido (Localização 4).

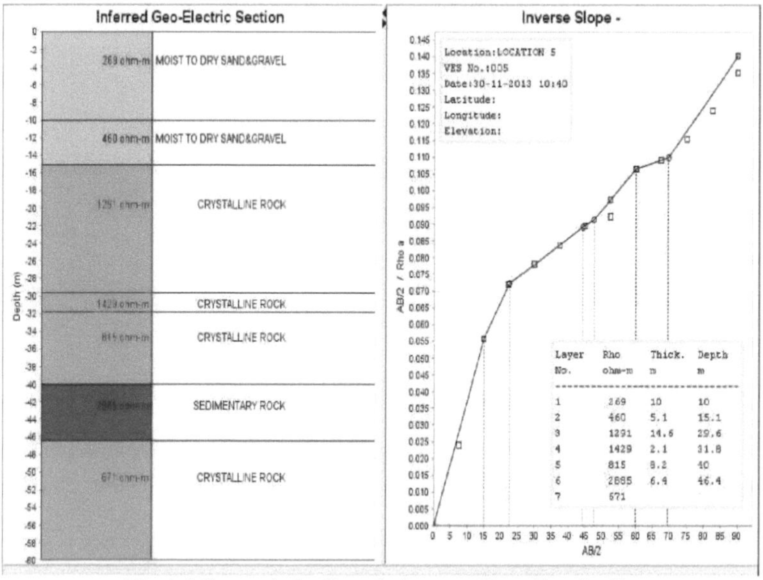

Fig.4.5 Curva de inclinação inversa (Localização 5).

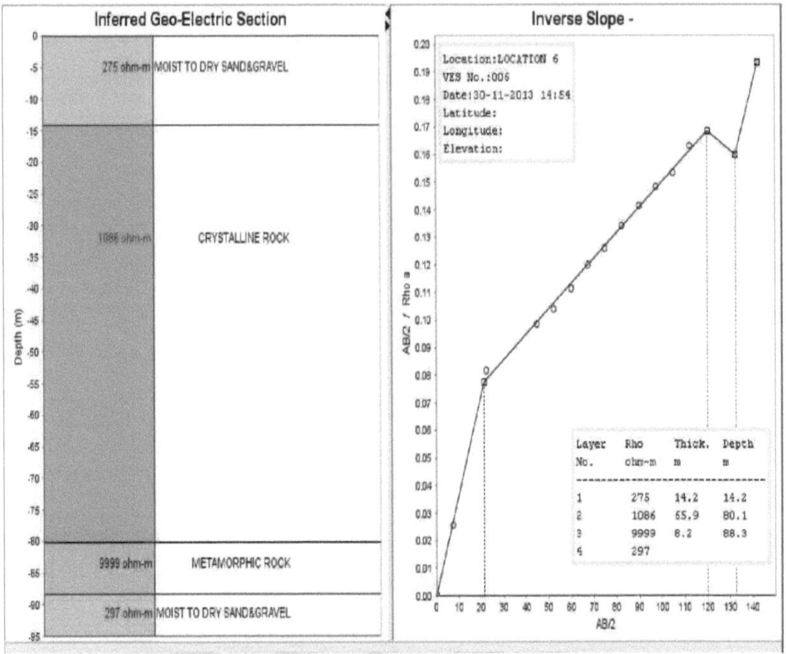

Fig.4.6 Curva de inclinação inversa (Localização 6).

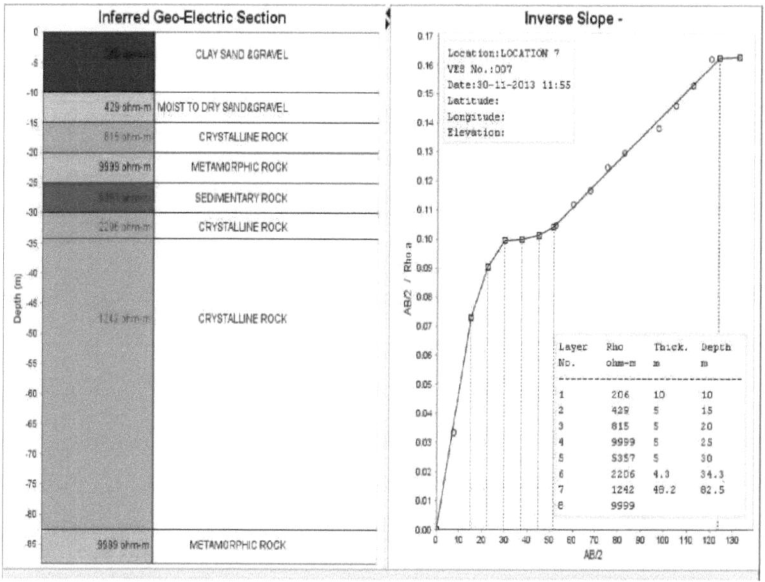

Fig.4.7 Curva de inclinação inversa (Localização 7).

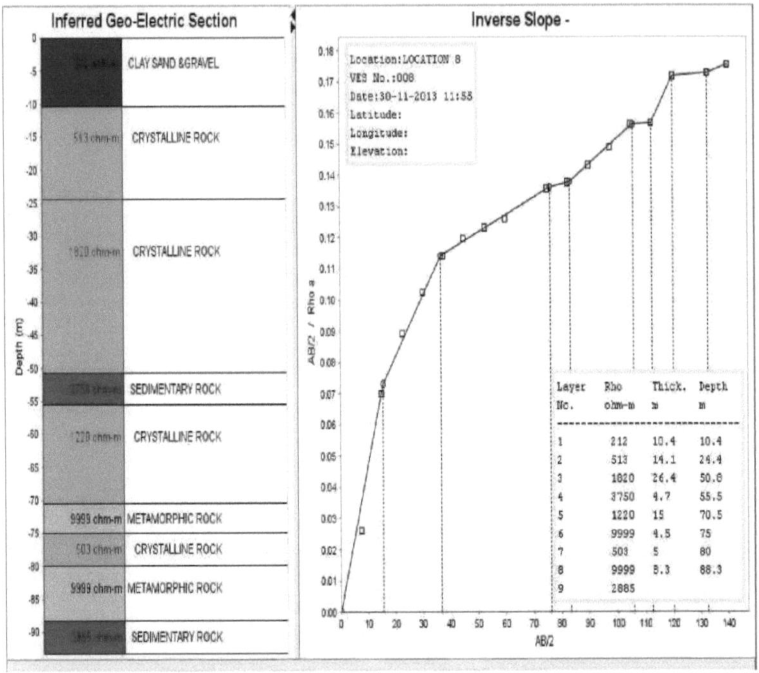

Fig.4.8 Curva de declive invertido (Localização 8).

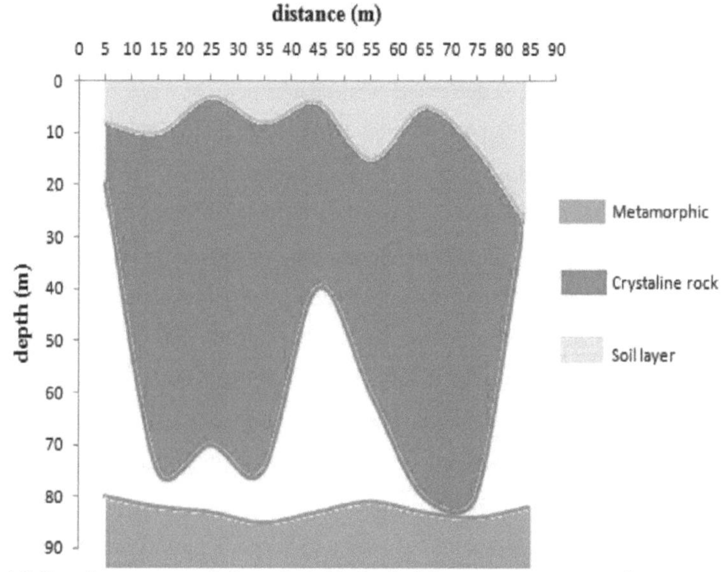

Fig.4.9 Secção transversal da resistividade da faixa para a estrutura de recarga (2D).

4.3 Locais potenciais para a perfuração de poços tubulares

O levantamento hidrogeofísico efectuado no jardim dos coqueiros revelou que as formações eram basicamente rochosas. Pela análise da secção transversal *2-D* da resistividade da faixa para identificar o local favorável à estrutura de recarga, chegámos à conclusão de que foi obtida uma camada de solo contínua de profundidade média de 10 m no topo. A maior parte da área foi ocupada por uma formação contínua de rochas cristalinas que se estende até 80 m. Para além das rochas cristalinas, foi encontrada uma camada de formação metamórfica contínua. Não foi possível encontrar uma quantidade apreciável de fracturação e formações meteorológicas no jardim dos coqueiros. Assim, o estudo revelou que não havia fontes potenciais de água subterrânea para a perfuração de poços tubulares.

V. RESUMO E CONCLUSÃO

A água subterrânea é a água que existe nos espaços porosos e nas fracturas das rochas e sedimentos abaixo da superfície da terra. O método da resistividade eléctrica foi utilizado para a investigação hidro-geofísica dos recursos hídricos subterrâneos no jardim de coqueiros da Faculdade de Horticultura, de modo a descobrir uma fonte sustentável de água, para satisfazer as várias necessidades do campus. Os principais objectivos do presente projeto foram a realização de uma investigação hidrogeofísica do potencial das águas subterrâneas no jardim de coqueiros da Faculdade de Horticultura de Vellanikkara e a obtenção da distribuição dos aquíferos na área de estudo, a fim de delinear possíveis locais para a perfuração de poços tubulares para o abastecimento de água de irrigação. Verificou-se que uma técnica especial denominada "Resistivity Scanning" consegue delinear com êxito a geometria fracturada da formação .

Das oito localizações consideradas, nenhuma delas pode servir como fonte potencial de água subterrânea. Pela análise da secção transversal *2-D* da faixa de resistividade, para identificar o local favorável para a estrutura de recarga, podemos chegar à conclusão de que uma camada contínua de solo de profundidade média de 10 m foi observada no topo. A maior parte da área foi ocupada por uma camada contínua de formação de rocha cristalina que se estendeu até 80m de profundidade. Para além da rocha cristalina, havia uma camada de formação metamórfica contínua que não podia fornecer água suficiente. Com este estudo, todos os locais possíveis no jardim dos coqueiros foram explorados quanto à presença de água subterrânea. O projeto chegou à conclusão de que não existiam áreas potenciais para o abastecimento sustentável de água no coqueiral.

REFERÊNCIAS

Abdelatif Mokhtar Ahmed e Wan Norazmin Sulaiman.2010. Avaliação da qualidade das águas subterrâneas num aterro sanitário através de um estudo de resistividade. Departamento de Ciências Ambientais, Universidade Putra Malásia, 43400. Disponível: http://www.sustech.edu/staff publications/20101216052354195.pdf.

AbdelatifMokhtar Ahmed, Abdallah E Haj Ibrahim , Abdel Rahman Ahmed Abbashar e E.A. Elzein Mohammed. 1994. Exploração de águas subterrâneas numa área subterrânea utilizando levantamentos eléctricos e electromagnéticos, estudo de caso: El Sunut, Estado do Cordofão do Norte. *Universidade de África J. Ciências* 2: 1-13

Ahilan, J. e Senthil Kumar, G.R. 2011. Identificação de zonas aquíferas pelo método VES: Um estudo de caso do bloco de Mangalore, Tamil Nadu, S. Índia. *Arch. Appl. Sci. Res.* 3(2):414-421.

Ahmed, S. El Mahmoudi, Khalid, M., Al-Barrak, e Massoud A. Massoud. 2011. Tomografia Eléctrica 2-D para Mapeamento de Aquíferos no Novo Campus da Universidade King Faisl, Al Hassa, KSA. *International J.Water Resources and Arid Environments* 1(6): 397-410.

Ali Bozkurt, CengizKurtulus e HasanEndes. 2009. Medições da condutividade eléctrica aparente e do teor de água utilizando um medidor de resistividade. *International J. Physical Sciences.* 4 (12): 784-795.

Ameloko A. Anthony e Rotimi O. John. 2010. 2- D Electrical Imaging And Its Application in groundwater exploration in part of Kubanni river basin-Zaria, Nigeria. *Observações rurais mundiais.* 2(2): 72-82.

Anudu, G.K., Onuba, L.N., e Ufondu, L.S. 2011. sondagem geoeléctrica para exploração de águas subterrâneas no terreno do subsolo cristalino em torno de onipe e áreas adjacentes, sudoeste da Nigéria. *J. Applied technology in environmental sanitation.* 1(4): 343354.

Ariyo, S.O. e Adeyemi, G.O. 2009. Exploração e desenvolvimento de águas subterrâneas em áreas de rocha dura utilizando o método da resistividade eléctrica: um estudo de caso de áreas subterrâneas do estado de Ogun, sudoeste da Nigéria. *In: Convenção Internacional Conjunta de 8th Assembleia Científica da IAHS e 37th Congresso da IAH,* Hyderabad,

Índia.

Ariyo, S.O. e Adeyemi, G.O. 2011. Abordagem geofísica integrada para a exploração de águas subterrâneas em terrenos de rocha dura. Um estudo de caso da área de akaka no sudoeste da nigéria. *International J. Advanced Scientific and Technical Research.* 2: 376-395.

Ashvinkumarmeena. 2011. Exploração de águas subterrâneas utilizando o método da resistividade eléctrica. B.Tech (civil), Instituto Nacional de Tecnologia, Rourkela, Orissa,769008.

Aweto, K.E. 2012. Delineação de zonas fracturadas em rochas cristalinas do subsolo pelo método da resistividade eléctrica de corrente contínua na área de Oke-Ila, Sudoeste da Nigéria. *Indian J. Sci.* 5(7): 2987-2990.

BasudeoRai, Tiwari, A. e Dubey V.S. 2005. Identificação de zonas prospectivas de águas subterrâneas utilizando métodos de deteção remota e geoeléctricos nos campos de carvão de Jharia e Raniganj, distrito de Dhanbad, estado de Jharkhand. *J. Earth Syst. Sci.* 114(5): 515-522

Bayewu, O.O. Oloruntola, M.O. Mosuro, G.O. andWatabuni, F.G. 2012. Exploração de águas subterrâneas na área de Ago-Iwoye, no sudoeste da Nigéria, usando eletromagnética de frequência muito baixa (VLF-EM) e resistividade elétrica. Int. Journal of Applied Sciences and Engineering Research, 1(3). Disponível: http://www.ijaser.com [Jul. 2012].

Bayewu, O.O., Oloruntola, M.O., Mosuro, G.O., andWatabuni, F.G. 2012.Groundwater exploration in Ago-Iwoye Area of Southwestern Nigeria, using Very Low Frequency Electromagnetic (VLF-EM) and Electrical Resistivity methods. *Int. J. Ciências Aplicadas e Investigação em Engenharia* 1(3): 453-462

David V. Ftterman. 1987. Exemplo de sondagem transiente para exploração de águas subterrâneas em aquíferos sedimentares.*International J. Geo.* 25(6): 685-692.

Donald M. Hussong e Doak C. Cox. 1967. Estimativa da configuração das águas subterrâneas perto de pahala, hawaii, utilizando técnicas de resistividade eléctrica.

Ezomo, F.O. And Akujieze, C. 2011.investigação geofísica das águas subterrâneas na aldeia de oluku e seus arredores do estado de edo, Nigéria. *J. Tendências Emergentes em Engenharia e Ciências Aplicadas (JETEAS)* 2 (4): 610-614

Girish Gopinath. 2003. An integrated hydrogeological study of the Muvattupuzha river basin,

Kerala, India. Tese de doutoramento (Filosofia), Universidade de Ciência e Tecnologia de Cochim, Cochim - 682 016.

Hadi Tahmasbinejad e Gholam R. Lashkaripour. 2010. Exploração geoeléctrica de águas subterrâneas na bacia de Shooroo, a sudoeste de Zahedan, Irão. In: *Congresso Internacional de Geologia Aplicada;* 26-28, abril, 2010, Irão. Departamento de Geologia, Universidade de Mashhad, Irão. pp. 521-527.

Israil, M., Mufid al-hadithi, Singhal, D.C., e Bhism Kumar. 2003. Groundwaterrecharge estimation using a surface electrical resistivity method in the Himalayan foothill region, India. *Hydrogeology J.* 14: 44-50.

Jim Hasbrouck e Tony Morgan.2003. Exploração de águas subterrâneas profundas com recurso à geofísica. *International J. environ, Foren.* 1: 11-23.

Kurien, E.K., Sheeja, P.S., Ritu, P. e Shazna, K. 2013. Uma Investigação Hidro-Geofísica do Potencial das Águas Subterrâneas. *Jornal Internacional de Investigação e Desenvolvimento em Engenharia.*9 (4):30-35.

Mahmoud, I.I., Mohamaden, AbuoShagar, S., e GamalAbd. Allah. 2009. Levantamento geoeléctrico para exploração de águas subterrâneas na província de Asyuit, Vale do Nilo, Egito. *J. KAU: Mar. Sci.* 20: 91-108

Massing Oursingbe, Tang Zhonghua, BalogunWaheedOyelola e ZakariMahamadou. 2012. Exploração de águas subterrâneas no subsolo do distrito de Lake-Iro-Chad, utilizando a abordagem de imagens de resistividade eléctrica. *Jornal Africano de Farmácia e Farmacologia.* 7(19): 2720-2729.

Mohamed A. Sabet. 1975. Sondagens verticais de resistividade eléctrica para localizar recursos hídricos subterrâneos: um estudo de viabilidade. Publicações do Centro de Investigação de Recursos Hídricos da Virgínia. Instituto Politécnico e Universidade Estatal da Virgínia, Blacksburg, Virgínia 24061.

Mohamed Metwaly, EslamElawadi, Sayed, S. R., Moustafal, F., Al Fouzan, S., Mogren e AlArifi, N. 2011. Exploração de águas subterrâneas utilizando a técnica de resistividade geoeléctrica na área de Al-Quwy'yia, no centro da Arábia Saudita. *Jornal Internacional de Ciências Físicas.7(2):317-326.*

Muhammad Arshad, J.M. Cheema e Shafique Ahmed.2007. Determinação da litologia e da qualidade das águas subterrâneas através do estudo da resistividade eléctrica, *International J. Agriculture and biology.* 9(1): 143-146.

Ochukoanomohanran. 2011. Exploração de água subterrânea de Oleh, Nigéria, utilizando o método da resistividade eléctrica. *Investigação Científica e Ensaios.* 6(20): 4295-4300.

OluwafemiOmowumi. 2012. Estudo de imagens de resistividade eléctrica para investigação de locais pouco profundos no campus da Universidade de Ibadan, no sudoeste da Nigéria. *ARPN Journal of Engineering and Applied Sciences* 7(2): 187-196

Oseji, Julius Otutu e Ujuanbi, O.2009. Investigação hidrogeofísica do potencial das águas subterrâneas no reino de Emu, terra Ndokwa do Estado do Delta, Nigéria. *Revista Internacional de Ciências Físicas.* 4 (5): 275-284..

Owen, R.J., Gwavava O., e Gwaze P. 2005. Levantamento de resistividade multi-electrodo para exploração de águas subterrâneas na cintura de pedras verdes de Harare, Zimbabué. *Hydrogeology J.* 14: 244-252.

Parmasivam, K., Vijayakumar, G., e Sharma, K.K. 2011. Investigações de subsuperfície na bacia inferior do rio Palar utilizando levantamentos verticais de resistividade eléctrica. *Jornal Internacional de Engenharia, Ciência e Tecnologia (IJEST) 3(6):* 5116-5125

RosliSaad, Nawawi, M.N.N., e EdyTonnizamMohamad. 2012. Deteção de água subterrânea em aluvião usando tomografia de resistividade eléctrica (ERT) 2-D. Disponível: www.ejge.com/2012/Ppr12.035alr.pdf.

Ruby, D., Chitra, C., Vasantha, A., Ramasubbulakshmi, T., e Manivel, M. 2010. Análise integrada de dados geofísicos da bacia do rio Ponnaiyar utilizando o software Arcview GIS. *International J.geomatics and geosciences.* 1(3): 456-465.

Selvam, S. 2012. Investigações da subsuperfície das águas subterrâneas em PachaipentaMandal, Andhra Pradesh, utilizando inquéritos de resistividade de sondagem eléctrica vertical. *Online J. Earth sciences.* 6(1): 1-5.

Selvam, S. e Sivasubramanian, P. 2012. Identificação da zona potencial de águas subterrâneas através de levantamento geoeléctrico: Um estudo de caso do distrito de Medak, Andhra Pradesh, Índia. *International J. Geomatics and Geosciences.* 3(1):55-62.

Sharma, S.P. e Baranwal, V.C. 2005. Delineação de zonas de fratura com água subterrânea numa área de rocha dura integrando dados electromagnéticos e de resistividade de muito baixa frequência. *Jornal de Geofísica Aplicada.*57:155-166

Stephen O. Ariyo e Gabriel O. Adeyemi. 2009. Papel do Método da Resistividade Eléctrica na Exploração de Águas Subterrâneas em Áreas de Rochas Duras: Um estudo de caso das áreas de Fidiwo/Ajebo no sudoeste da Nigéria. *J. Science and technology.* 10(1):483-486.

TagelAssefa. 2008. Investigações Geofísicas para Avaliação do Potencial de Águas Subterrâneas e Mapeamento de Estruturas para possíveis ligações entre os Lagos Langano e Shala, Rift Etíope Principal. Mestrado (geofísica), Universidade de Adis Abeba.

Ushie, F.A. e Nwankwoala, H.O. 2011. Uma avaliação geoeléctrica preliminar das águas subterrâneas em Yalla, sul da calha de Benue, sudeste da Nigéria. *Middle-East J. Scientific Research* 9 (1): 1-07.

MIX
Papier aus verantwortungsvollen Quellen
Paper from responsible sources
FSC® C105338

Printed by Books on Demand GmbH, Norderstedt / Germany